Figma+Framer

打造更好的交互设计

武斌 编著

人民邮电出版社

北　京

图书在版编目（ＣＩＰ）数据

Figma+Framer打造更好的交互设计 / 武斌编著. --
北京 ：人民邮电出版社，2022.11
ISBN 978-7-115-58361-1

Ⅰ．①F… Ⅱ．①武… Ⅲ．①人机界面－程序设计
Ⅳ．①TP311.1

中国版本图书馆CIP数据核字(2022)第023396号

内 容 提 要

本书对 Figma 和 Framer 的使用方法进行了详细讲解，为读者提供详细的图文说明，包括软件基础操作、使用团队组件库和界面设计等。本书第 1、2、3 章讲解 Figma 的使用，第 4、5 章讲解 Figma 社区和团队协作，第 6 章讲解界面设计，第 7 章讲解 Framer 的使用方法。本书附赠案例学习文件和在线视频，便于读者学习使用。

本书适合 UI/UX 设计师、设计团队和计划进入界面设计行业的读者学习与参考。

◆ 编　著　武　斌
责任编辑　王　冉
责任印制　马振武
◆ 人民邮电出版社出版发行　　北京市丰台区成寿寺路 11 号
邮编　100164　　电子邮件　315@ptpress.com.cn
网址　http://www.ptpress.com.cn
北京瑞禾彩色印刷有限公司印刷
◆ 开本：700×1000　1/16
印张：19　　　　　　　2022 年 11 月第 1 版
字数：389 千字　　　　2022 年 11 月北京第 1 次印刷

定价：109.80 元

读者服务热线：(010)81055410　印装质量热线：(010)81055316
反盗版热线：(010)81055315
广告经营许可证：京东市监广登字 20170147 号

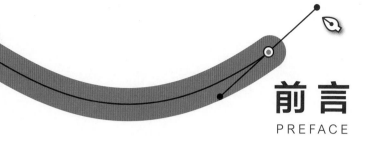

"设计孤岛"向"协作文化"的转变

2020 年，因疫情问题，互联网公司纷纷开启了远程办公模式。在家工作首先要解决的是团队沟通问题，一时间 ZOOM、钉钉、企业微信、飞书和腾讯会议等企业沟通与协作软件出现在我们的手机和计算机中，让我们在家便可完成考勤、审批、会议和工作任务。

疫情期间，国内外许多设计协作软件也开始流行，如 Figma、InVision、Affinity Designer、Framer、Sketch Cloud、摹客和蓝湖等。这些软件中，Figma 的用户量增长最快，许多 Sketch 和 Adobe XD 用户也陆续改用 Figma。

我们可以使用 Figma 构建强大的团队组件库，进行多人实时在线设计，添加不用更新的插件，查看或下载使用 Figma 社区中的设计文件，在不同客户端使用 Figma 进行创作，使用 FigJam（多人协作在线白板工具）进行头脑风暴等。

当然，Figma 不只适用于设计师之间的协作，使用 Figma 与产品经理、运营同事或开发人员沟通也十分方便。在项目策划阶段，我们可以使用 FigJam 与产品经理进行头脑风暴、绘制流程图并进行远程协同标记。在项目设计阶段，可以将设计文件的链接分享给协作者一起进行实时在线设计。在项目开发阶段，可以将设计文件的链接分享给开发人员，开发人员只需打开文件链接便可免费使用 Figma 查看设计文件中的 CSS、iOS（Swift）和 Android（XML）数据，大大节省了时间。在项目宣传阶段，将带有宣传海报的 Figma 设计链接发给运营同事，他们可以自己下载最新的设计宣传图，而我们只需简单告诉他们怎么导出。

Framer 也很实用，它不但可以实现多人实时协作，还拥有灵活的布局、强大的可拖放组件和无须用户编码的智能组件。设计师可以用 Framer 构建出十分真实的原型。Framer 的所有组件都是真实的 React 框架，设计完成后开发人员可直接调用。

所以，使用 Figma 和 Framer 进行协作设计，可极大地降低团队成员间的沟通成本，节省很多时间。

●本书按钮图标说明

在操作过程中，同一图标可能显示不同底色。为了方便读者学习，清晰认识，本书将图标底色进行了统一，例如⊞◑。

编者

2022 年 6 月

资源与支持

本书由"数艺设"出品，"数艺设"社区平台（www.shuyishe.com）为您提供后续服务。

配套资源

案例学习文件
在线视频

资源获取请扫码 ☞

在线视频

提示：微信扫描二维码，点击页面下方的"兑"→"在线视频 + 资源下载"，输入第51页左下角的5位数字，即可观看视频。

"数艺设"社区平台，为艺术设计从业者提供专业的教育产品。

与我们联系

我们的联系邮箱是 szys@ptpress.com.cn。如果您对本书有任何疑问或建议，请您发邮件给我们，并请在邮件标题中注明本书书名及 ISBN，以便我们更高效地做出反馈。

如果您有兴趣出版图书、录制教学课程，或者参与技术审校等工作，可以发邮件给我们。如果学校、培训机构或企业想批量购买本书或"数艺设"出版的其他图书，也可以发邮件联系我们。

如果您在网上发现针对"数艺设"出品图书的各种形式的盗版行为，包括对图书全部或部分内容的非授权传播，请您将怀疑有侵权行为的链接通过邮件发送给我们。您的这一举动是对作者权益的保护，也是我们持续为您提供有价值的内容的动力之源。

关于"数艺设"

人民邮电出版社有限公司旗下品牌"数艺设"，专注于专业艺术设计类图书出版，为艺术设计从业者提供专业的图书、视频电子书、课程等教育产品。出版领域涉及平面、三维、影视、摄影与后期等数字艺术门类，字体设计、品牌设计、色彩设计等设计理论与应用门类，UI 设计、电商设计、新媒体设计、游戏设计、交互设计、原型设计等互联网设计门类，环艺设计手绘、插画设计手绘、工业设计手绘等设计手绘门类。更多服务请访问"数艺设"社区平台 www.shuyishe.com。我们将提供及时、准确、专业的学习服务。

目 录
CONTENTS

第3章 Figma进阶

第4章 社区

第5章　团队协作

第6章　使用Figma设计页面

第7章　Framer应该这样用

附录

第1章
初识Figma

本章将带你打开 Figma 的大门，先从注册、登录、下载和安装 Figma 开始吧！

1.1　开启 Figma 之旅

1.2　你是这样的Figma

本章内容

1.1　开启Figma之旅

Figma 是一款实时协作的设计工具，我们可以通过浏览器或 Figma 客户端与团队中的人员一起进行在线设计，设计文件会实时储存在云服务器中。即使没有网络，我们也可以使用 Figma 的大部分功能。当网络正常连接后，所有的改动均会同步到云服务器。

Figma 共有 5 级结构，分别如下。

① Organization（组织），需单独联系 Figma 销售人员开通。

② Teams（团队），较为常用。

③ Projects（项目）。

④ Files（文件）。

⑤ Pages（页面）。

Figma 具有多层结构、多人实时协作和权限控制等特点，可提升用户的协作效率。

1.1.1　Figma介绍

1. Figma是什么

Figma 是基于浏览器的在线协作界面设计工具，可以用来进行原型设计、标注查看、交互演示等，越来越多的 UI/UX 设计师和设计团队开始使用 Figma，如图 1-1 所示。

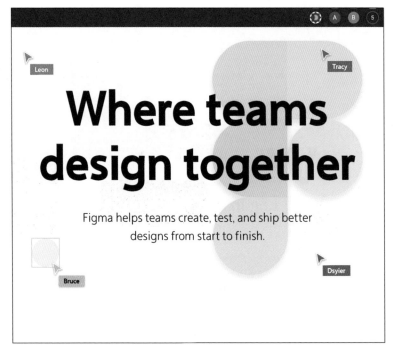

图1-1　多人在线编辑

11

2. Figma的特点

支持多个平台：可以在 Windows、macOS、Linux、Chrome OS 上使用 Figma。

自动保存：实时在线保存设计文件。

唯一来源：每个设计文件对应一个链接。

支持历史版本恢复：免费版可保存 30 天，付费版无时间限制。

安全：Figma 所有的基础架构都分布在 3 个 AWS 数据中心，若其中任何一个数据中心发生故障，其他数据中心仍然可以继续工作。

3. Figma对软硬件的要求

计算机设备：Figma 使用 WebGL（Web 图形库）来进行渲染，它对图形的要求非常低，可以在大多数浏览器上完美运行，所以大部分的计算机都适合。

移动设备：可以在手机或平板电脑上访问 Figma 文件的"仅查看"版本。

1.1.2　创建Figma账户

任何人都可以创建免费的 Figma 账户。

1. 通过电子邮箱地址注册

◈ 步骤01 访问 Figma 官网，单击右上角的"Sign up"按钮，如图 1-2 所示。

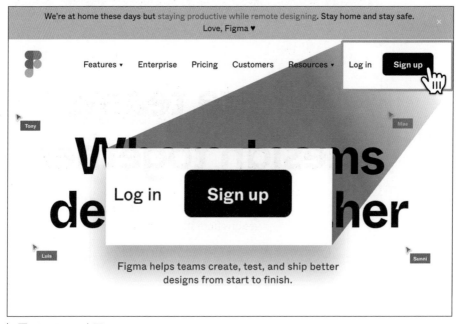

图1-2　Figma官网

◈ 步骤02 在弹出的页面中输入电子邮箱地址和密码，如图 1-3 和图 1-4 所示。

图1-3　通过电子邮箱注册Figma

图1-4　电子邮箱地址和密码输入完成

◈ 步骤03 填写完注册信息后单击"Create Account"按钮进行提交，如图 1-5 所示。

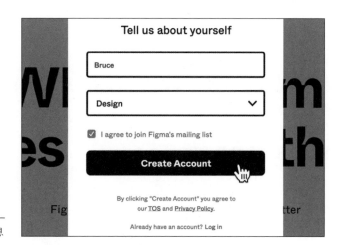

图1-5　提交Figma注册信息

2. 通过登录谷歌账户（Google SSO）注册

◈ 步骤01 访问 Figma 官网，单击右上角的"Sign up"按钮。

◈ 步骤02 单击页面顶部的"Sign up with Google"按钮。

◈ 步骤03 如果已经登录谷歌账户，则会弹出确认授权信息窗口，否则会提示登录谷歌账户。

◈ 步骤04 授权后，便可以输入密码，你的谷歌邮箱将收到一份授权邮件。

通过谷歌账户注册的账户无法在 Figma 中修改电子邮箱地址和密码，如果要修改电子邮箱地址或密码，则需要将原有账户与 Figma 解绑。

1.1.3　登录Figma

支持 Figma 登录的应用有：Figma 桌面应用、Figma 网页版、iOS 或 Android 设备的 Figma Mirror App。

你可以通过电子邮箱地址、谷歌账户和 SAML SSO 来登录 Figma。

1. 通过电子邮箱地址登录

◈ 步骤01　打开 Figma 官网，单击右上角的"Log in"按钮。

◈ 步骤02　在打开的页面中输入已注册的电子邮箱地址和对应密码。

◈ 步骤03　单击"Log in"按钮。

2. 通过谷歌账户登录

◈ 步骤01　打开 Figma 官网，单击右上角的"Log in"按钮。

◈ 步骤02　在弹出的窗口中单击顶部的"Continue with Google"按钮。

◈ 步骤03　如果你的谷歌账户已在浏览器上登录，同意弹出的确认授权信息即可登录成功；否则，输入"Google 邮箱地址或电话"和"密码"进行授权，然后单击"Next"按钮进行登录。

> 如需在浏览器中使用 Figma，建议将浏览器的缩放比例设置为 100%，保持浏览器为最新版本，并启用本地字库（可以在本书"2.6.4 启用本地字体"小节了解开启方法）。

3. 通过SAML SSO登录

通过 SAML SSO 登录 Figma 的方法与前两种登录方法类似，在此不再赘述。

1.1.4　下载与安装Figma

> • macOS：版本不可低于 10.11（OS X El Capitan）。
> • Windows：64 位，Windows 8 及以上版本的操作系统。

1. 下载

◈ 步骤01　打开Figma官网，展开**"Products"（产品）**下拉菜单，单击"Downloads"（下载）链接进入下载页面，如图 1-6 所示。

◈ 步骤02　根据自己计算机的系统单击相应链接进行下载，如图 1-7 所示。

图1-6　Figma下载入口

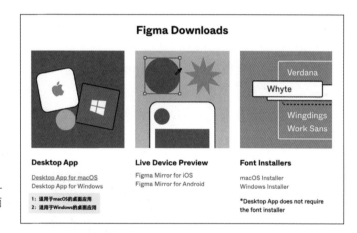

图1-7　下载Figma桌面
应用

2. 安装

（1）在macOS中安装

⬦ 步骤01 在下载页面中单击"Desktop App for macOS"（适用于 macOS 的
桌面应用）链接，将文件下载到本地，下载完成后双击 Figma.zip 进行解压。

⬦ 步骤02 将 Figma 从**下载**文件夹移至**应用程序**文件夹，如图 1-8 所示。

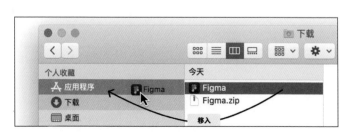

图1-8　安装macOS应
用程序

◈ 步骤03 从**下载**文件夹中删除 Figma 应用程序的压缩包 Figma.zip。

◈ 步骤04 在应用程序列表中打开 Figma，如图 1-9 所示。

图1-9 启动Figma

（2）在Windows中安装

◈ 步骤01 在下载页面中单击 "Desktop App for Windows"（适用于 Windows 的桌面应用）链接，将文件下载到本地，下载完成后运行 Figma Setup.exe 并按提示进行安装。

◈ 步骤02 从桌面或**下载**文件夹中删除 Figma 安装包。

◈ 步骤03 在桌面上打开 Figma 应用程序。

1.1.5 给手机安装Figma Mirror App

iOS：运行版本不可低于 11.0.1。

Android：运行版本不可低于 Android 7.0。

Figma Mirror App：必须使用 Figma 账户登录后才可以使用。

Figma Mirror App 可在手机上预览设计好的文件，按自己手机尺寸设计的页面预览体验会更好，如图 1-10 所示。

手机浏览器预览　　　　Figma Mirror App的预览

| 图1-10 手机浏览器与Figma Mirror App的预览效果对比

你可以在上面提到的Figma下载页面中下载适用于 iOS 或 Android 的 Figma Mirror App，也可以在 App Store 或 Google Play Store 中下载。

1.1.6 使用Figma Mirror App预览设计文件和原型

1. Figma Mirror App预览

为了查看产品开发完成后的最终效果，可以使用 Figma Mirror App 进行预览。

要使用 Figma Mirror App，需同时登录桌面浏览器或桌面应用程序和Figma Mirror App。Figma Mirror App 可以实时显示用户当前在桌面浏览器或桌面应用程序上选择的画框，如图 1-11 所示。

| **图1-11** 预览应用程序时选择的框架

步骤01 在 Figma 桌面应用程序或桌面浏览器中登录 Figma 账户。

步骤02 使用该账户在手机上登录 Figma Mirror App。

步骤03 在桌面应用程序的设计文件中选择要查看的画框。

步骤04 Figma Mirror App 中将会实时显示所选的画框。

2. 浏览器预览

步骤01 在 Figma 桌面应用程序或桌面浏览器中登录 Figma 账户。

步骤02 打开要预览的设计文件。

步骤03 用手机浏览器访问 https://www.figma.com/mirror，并登录你的 Figma 账户。

步骤04 在设计文件中选择要查看的画框。

步骤05 手机浏览器中会实时显示所选的画框。

3. 查看原型

在查看原型之前，需要提前在原型中添加原型链接。

如果你不是很了解 Figma 中的原型，可以阅读本书的"3.3.2 基础原型"和"3.3.7 构建完善的交互原型"。

步骤01 使用相同账户登录 Figma 和 Figma Mirror App。

步骤02 在 Figma 桌面应用程序中打开要预览的文件。

步骤03 选择原型的第一个画框，如图 1-12 所示。

图1-12　选择第一个画框

步骤04 Figma Mirror App 中将会同步显示用户在 Figma 中选择的画框，如图 1-13 所示。

图1-13　Figma Mirror App中的效果

步骤05 可以在 Figma Mirror App 中按照在 Figma 应用程序中创建的原型链接进行交互操作。

使用 Figma Mirror App 预览设计文件时，设计文件的显示页面将会等比缩放为设备尺寸。

使用浏览器预览时，浏览器的地址栏和底部导航栏将会在手机屏幕上显示出来，所以用这种方法不能体验到真实的使用效果。可以用此方法查看 H5 的设计。

1.2　你是这样的Figma

Figma是一款在线协作设计软件，本节将对Figma的编辑器、创建团队、新建文件、导入Sketch文件和分享设计文件和原型等内容进行讲解。

1.2.1　编辑器介绍

1. 工具栏左侧

Figma工具栏左侧主要包括**菜单**和**一些工具**，如图1-14和图1-15所示。

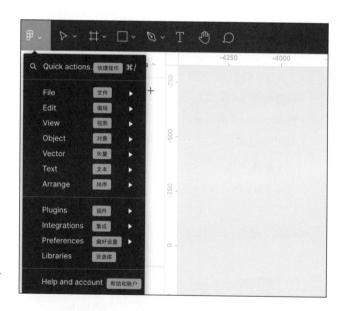

图1-14　工具栏中的菜单

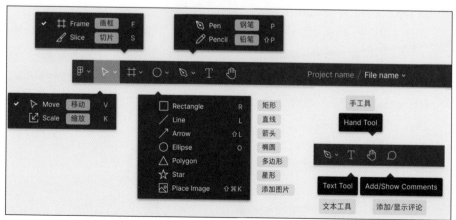

图1-15　工具栏左侧的工具

19

（1）菜单

单击左上角的菜单按钮展开菜单，其主要功能如图 1-14 所示。

Quick actions（**快捷操作**）：包括按名称搜索 Figma 中的文件、编辑、快捷键和查看等内容。

File（**文件**）：对文件进行新建、导入、导出等操作。

Edit（**编辑**）：进行撤销、复制和粘贴等操作。

View（**视图**）：包括设置布局网格和标尺，以及调整缩放比例和在文件中浏览等功能。

Object（**对象**）：对选择的对象进行编组、创建组件、旋转和镜像等操作。

Vector（**矢量**）：可进行矢量编辑。

Text（**文本**）：为选择的文本设置加粗、字号、高度和间距等样式。

Arrange（**排序**）：通过对齐和分配来整理所选的多个对象。

Plugins（**插件**）：查看、管理和运行安装的插件。

Integrations（**集成**）：对链接的应用程序进行查看、管理和使用。

Preferences（**偏好设置**）：调整 Figma 的偏好设置。

Libraries（**资源库**）：打开资源库窗口。

（2）操作工具

Move（**移动**）：在 Figma 中选中对象后，可以用移动工具在画布上移动所选对象，快捷键为"V"。

Scale（**缩放**）：选择移动工具下方的缩放工具，可以调整所选对象的大小，快捷键为"K"。

（3）画框和切片工具

Framer（**画框**）：选择该工具后，可在画布上拖动创建画框，或在屏幕右侧选择默认画框，快捷键为"A"或"F"。

Slice（**切片**）：切片工具可导出指定区域中的内容，快捷键为"S"。

（4）形状工具

在 Figma 中可以使用多种形状工具进行复杂矢量图案的设计，形状工具如下。

Rectangle（**矩形**）：快捷键为"R"。

Line（**直线**）：快捷键为"L"。

Arrow（**箭头**）：快捷键为"Shift+L"。

Ellipse（**椭圆**）：快捷键为"O"。

Polygon（**多边形**）。

Star（**星形**）。

Place Image（**放置图片**）：快捷键为"Shift+Cmd（Ctrl）+K"。

（5）钢笔和铅笔工具

Pen（**钢笔**）：钢笔工具可以构建矢量路径，快捷键为"P"。

Pencil（**铅笔**）：铅笔工具可以将手绘作品添加到设计文件中，快捷键为"Shift+P"。

（6）文本工具

Text Tool（**文本工具**）：选择此工具后，单击画布便可输入文本，快捷键为"T"。

（7）手工具

Hand Tool（**手工具**）：选择手工具后，在文件中单击任何对象，对象都不会被选中，方便预览设计文件，快捷键为"H"。

（8）评论工具

Add/Show Comments（**添加 / 显示评论**）：选择此工具后，可直接在设计文件上添加留言，且留言只有在选择评论工具后才会显示。

2. 工具栏中部

工具栏中部显示的工具会根据选择的对象而变化，图 1-16 所示为可能出现的所有工具。

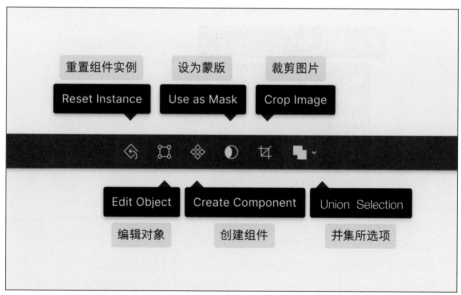

图1-16 工具栏中部的工具

（1）Reset Instance（重置组件实例）

当所选对象为调整后的组件实例时，将会看到此工具，单击按钮⊚可将修改后的组件实例还原为主组件样式。

21

（2）Edit Object（编辑对象）

当所选对象为矢量图形时，可看到"Edit Object"（编辑对象）按钮⊡。单击⊡按钮，可进入矢量编辑模式，用户可在矢量路径上添加、删除或调整锚点。

（3）Create Component（创建组件）

单击⊡按钮可以将所选对象变为组件。组件是可以在整个项目中重复使用的对象，可保证设计的统一性。

（4）Use as Mask（设为蒙版）

该工具用于显示或隐藏所选对象的特定部分。单击⊡按钮（**设为蒙版**）可将所选对象转换为遮罩蒙版。

（5）Crop Image（裁剪图片）

当所选对象为图片时，可看到该工具，单击⊡按钮（**裁剪图片**）即可对图片进行裁剪。

（6）Union Selection（并集所选项）

同时选中两个以上矢量图形后会出现"Union Selection"（**并集所选项**）按钮■，可对矢量图形进行组合。单击右侧的下拉按钮⊡可展开下拉菜单，如图 1-17 所示。

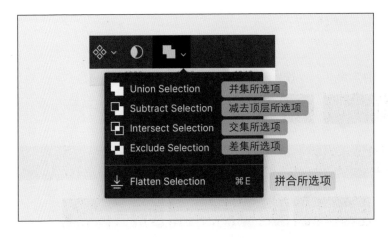

图1-17　并集所选项

Union Selection（**并集所选项**）：将重叠的路径合并成一条。

Subtract Selection（**减去顶层所选项**）：从底层减去上方所有重叠项。

Intersect Selection（**交集所选项**）：将重叠的路径合并成新的路径。

Exclude Selection（**差集所选项**）：将不重叠的部分合并成新的路径。

Flatten Selection（**拼合所选项**）：将选择的多个对象合并成一个整体。

3. 工具栏右侧

工具栏右侧是**分享**和**视图选项**工具等，如图 1-18 所示。

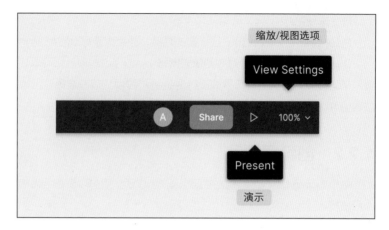

图1-18　工具栏
右侧

（1）用户头像

展示此时访问当前页面的用户头像。

（2）Share（分享）

单击"Share"（分享）按钮可打开分享模式，用于管理设计文件的访问权限。

（3）Present（演示）

单击演示按钮▷会在新窗口中打开**原型演示页面**，用于预览设计文件和进行交互演示。

（4）View Settings（缩放/视图选项）

缩放操作通常使用快捷键来完成，如图 1-19 所示。

图1-19　缩放/
视图选项

部分选项说明如下。

Pixel Grid（**像素网络**）：选择该选项后，放大画面可以看到 1px×1px 的网格。

Snap to Pixel Grid（**对齐到像素网格**）：选择该选项后，可以让对象大小和对象位置值都为整数，建议在进行界面设计时选择该选项；取消选择该选项后，对象的大小和位置值可以出现小数，在编辑矢量对象时建议取消选择该选项。

1.2.2 创建团队

每个 Figma 团队都是独立的工作区，创建团队后可以邀请他人加入团队，其他人加入后便可访问团队内的所有设计文件。

◈ 步骤01 打开 Figma 主页面。

◈ 步骤02 单击页面左下角的"Create New Team"（创建新的团队）按钮，如图 1-20 所示。

图1-20 创建新的团队

◈ 步骤03 在弹出的对话框中输入**团队名称**，如图 1-21 所示。

图1-21 输入团队名称

◈ 步骤04 如果暂不邀请协作者加入团队，可单击"Skip for now"（暂时跳过）按钮，
团队创建成功后可重新邀请协作者加入，如图 1-22 所示。

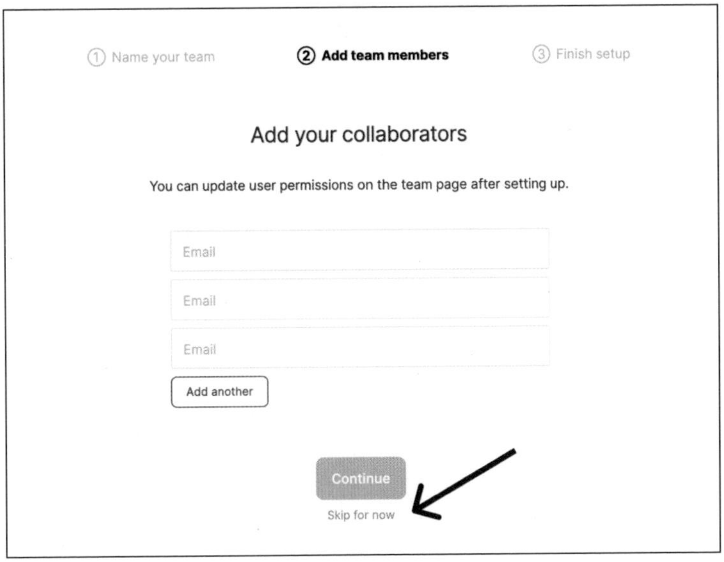

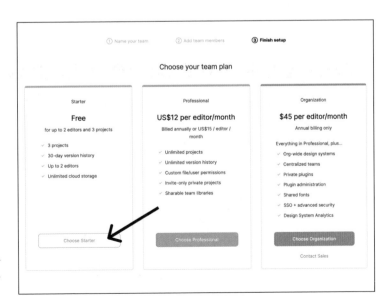

图1-22 跳过添
加协作者

◈ 步骤05 单击"Choose Starter"（入门）按钮即可创建免费版团队，如图 1-23
所示。

图1-23 创建免
费版团队

团队创建成功后，新建的团队会在页面左侧显示出来，如图 1-24 所示。

图1-24 新
创建的团队
Academy

步骤06 单击团队名称，可在页面右侧邀请协作者加入团队，单击顶部的"Settings"（设置）可修改团队的名称、头像，以及删除团队等。

1.2.3 新建项目

项目是在团队下创建的。

步骤01 打开 Figma 主页面，在左侧选中新创建的团队，然后单击页面右上角的"New project"（新建项目）按钮，如图 1-25 所示。

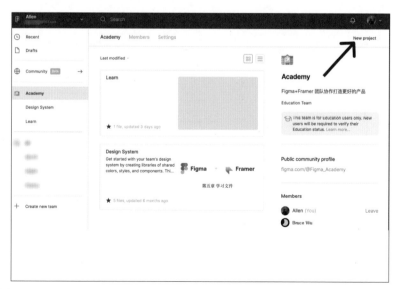

图1-25 新
建项目

⟨❖ 步骤02⟩ 在弹窗中输入项目名称并单击"Create Project"按钮，如图1-26所示。

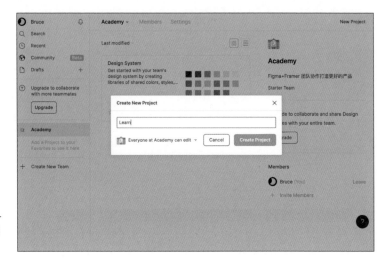

图1-26　输入项目
名称并单击按钮

新项目将会显示在团队名称下方，如图1-27所示。

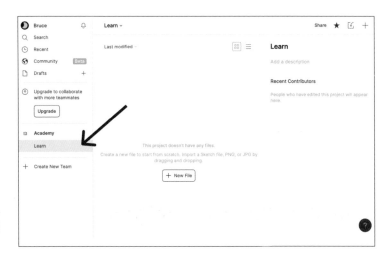

图1-27　新创建
的项目Learn

1.2.4　新建文件

可以在"Drafts"（草稿）或**团队项目**中新建文件，新建文件的数量不受限制。

在项目中创建文件

⟨❖ 步骤01⟩ 打开Figma主页面，单击项目Learn，然后单击页面右上角的"New File"（新建文件）按钮⊞，再选择"New design file"（**新设计文件**），如图1-28所示。

图1-28　新建文件

步骤02　Figma 会在当前窗口中新建一个名为 **Untitled** 的设计文件，单击"Untitled"（无标题）可以对它进行重命名操作，如图 1-29 所示。

图1-29　新创建的文件

步骤03　虽然在 Figma 中进行的设计是实时保存的，但是也可以按快捷键"Cmd+S"（Windows："Ctrl+S"）来主动保存，主动保存 Figma 文件时会有提示，如图 1-30 所示。

图1-30　保存成功提示

如何从文件页面返回到项目页面？在浏览器中需要在菜单栏中选择"Back to Files"才能返回到该文件所在的项目，在客户端中则只需单击窗口左上角的"Figma"按钮即可，如图1-31所示。

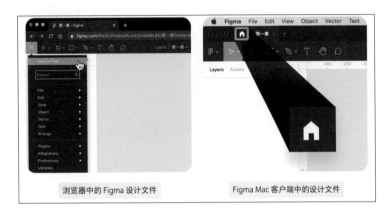

图1-31　从文件页面返回到项目页面

如果要在草稿中创建文件，只需单击**"Drafts"**（草稿）右侧的"New File"（新建文件）按钮⊞，或在草稿模块下单击页面右上角的"New File"（新建文件）按钮⊞。

在草稿中创建的文件会存储在草稿中，在项目中创建的文件会保存在项目中。当然文件是可以跨项目或团队进行移动的，也可以将项目中的文件移动到草稿中。

1.2.5　导入Sketch文件

Sketch 设计文件可以直接导入 Figma，将 Sketch 文件导入 Figma 后，原 Sketch 文件中的 Symbols 将会变为 Figma 中的组件。

步骤01　打开已创建的项目，单击页面右上角的"Import"（导入）按钮囵，如图 1-32 所示。

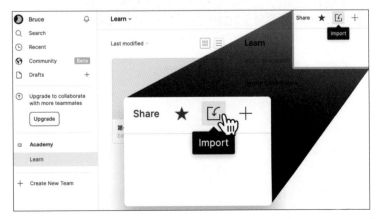

图1-32　导入

步骤02 选择一个本地的 Sketch 文件并导入。导入成功后，文件将会显示在项目中，如图 1-33 所示。

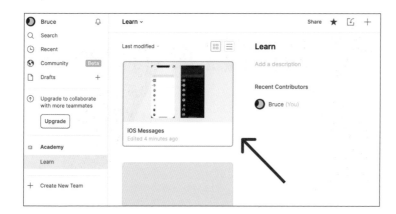

图1-33 Sketch 文件导入完成

步骤03 也可单击页面左上角的菜单按钮，选择"File" > "New from Sketch File"来实现 Sketch 文件的导入，如图 1-34 所示。

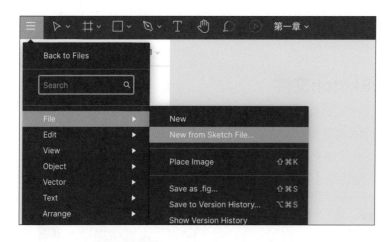

图1-34 从菜单导入

1.2.6 将文件导入Figma

- 本地 Figma 文件的扩展名为 .fig。
- Figma 支持直接导入的文件有：Sketch 文件、.fig 文件、图片文件（PNG、JPG 和 GIF）。
- 复制为 SVG：可以从打开的 Illustrator、Sketch、Adobe XD 软件中，将想导入的矢量图形通过"复制为 SVG"的方式直接粘贴到 Figma 页面中。

.fig 文件的导入方法和 Sketch 文件的导入方法一样，可参考 1.2.5 小节中的导入步骤。

1.2.7　添加/显示评论

步骤01　单击工具栏中的"Add/Show Comments"（添加／显示评论）按钮回进入评论模式，快捷键为"C"。

步骤02　单击要添加评论的位置（在该模式下鼠标指针会变成类似"定位"形状的图标）。

步骤03　将评论内容添加到留言弹窗中，也可添加表情符号或使用"@ 协作者"功能。

步骤04　单击"Post"（发布）按钮，可将评论发布出去，如图 1-35 所示。

图1-35　添加评论

拥有文件的"can view"（可查看）权限后即可对文件进行评论。

如果你打开的是别人发给你的链接，在评论模式中也可以使用"**@ 协作者**"功能。

评论模式下不可以修改设计文件，选择其他工具可退出评论模式。

我们可以给 Figma 中的任何对象添加评论，Figma 将会把我们的评论内容保存在设计文件中。

1.2.8　分享设计文件和原型

设计文件和原型制作完成后，可将它们分享给同事（产品经理、运营同事、前 / 后端工程师）。

每个设计文件和原型都拥有唯一的链接，而且链接后缀是一样的，如图 1-36 所示。

图1-36 设计文件的链接

1. 分享设计文件

步骤01 单击设计文件右上角的"Share"（分享）按钮可打开分享设置，如图 1-37 所示。

步骤02 单击图 1-37 所示的❸处的下拉按钮，可以对分享的链接进行权限设置：

Anyone with the link 指知道链接的任何人（常用）；

Only people invited to this file 指只有被邀请的人。

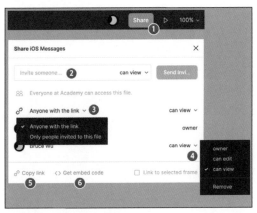

图1-37 设置分享权限

步骤03 单击页面中的蓝色"Copy link"（复制链接）可得到设计文件的链接。

步骤04 如需邀请协作者，可以将协作者的邮件地址或 Figma 账户名称输入图 1-37 所示的❷处的文本框中进行邀请（通过该方法邀请协作者后，协作者需在通知中心同意后才能看到设计文件）。

步骤05 对于已经邀请的协作者，可在图 1-37 所示的❹处设置其文件权限，可改为"owner"（所有者）、"can edit"（可编辑）、"can view"（可查看）或"Remove"（移除）。

步骤06 也可以通过内嵌网页的方式，将设计文件内嵌到支持的网站里，单击页面中的"Get embed code"（获取嵌入代码）即可获取相关代码。

2. 分享原型

单击工具栏右侧的按钮打开原型页面，分享原型与分享设计文件的方法相同。

1.2.9 合作设计

在邀请并给予协作者当前设计文件的编辑权限后，当你们同时访问该设计文件时，协作者的头像会出现在页面右侧，单击其头像将跳转到所选协作者查看的内容，如图1-38所示。

图1-38 多人实时访问设计文件

你们可以一起对设计文件进行修改，当协作者退出设计文件时，他的头像也会消失。

1.2.10 团队资源库

我们设计的样式和组件保存在第一次创建它们的文件中，如果要在团队项目中使用和该文件一样的样式和组件，就需要把它发布到团队资源库中，这样协作者就可以使用该组件库。

要将 Figma 升级到教育版或专业版才可以使用团队资源库。当然，如果没有升级也不会影响 Figma 组件的学习和使用。

样式和组件的创建将会在本书的 3.1 节和 3.2 节中进行详细说明。

团队资源库的开启方法

◈ 步骤01 在设计文件页面左侧的"Assets"（资源）面板中单击"Team Library"（团队资源库）按钮回，如图 1-39 所示。

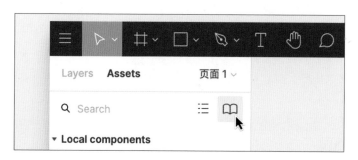

图1-39 团队资源库入口

◈ 步骤02 在弹出的窗口中开启团队资源库，如图 1-40 所示。

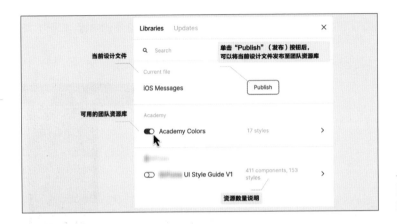

图1-40 设置团队资源库

在团队资源库设置页中可以开启、关闭和更新其中的文件。

通过前面的学习，相信大家对 Figma 的架构有了初步的了解。可以这样比喻：Figma 就如同一个大学，团队是"学院"，项目是"班级"，设计文件就如同班级中的"老师或学生"，"老师"就是团队资源库，里面的"学生"可以从"老师"那里获得样式和组件。

团队创建成功后，通常会创建一个名为"Design System"的项目，里面包含了常用的"UI Kit"设计套件和从"Community"（社区）复制的优秀设计系统。

练习：在"Design System"项目中创建一个名为"UI Kit"的文件

创建项目的方法可参考 1.2.3 小节，创建文件的方法可参考 1.2.4 小节，创建完成后的效果如图 1-41 所示。

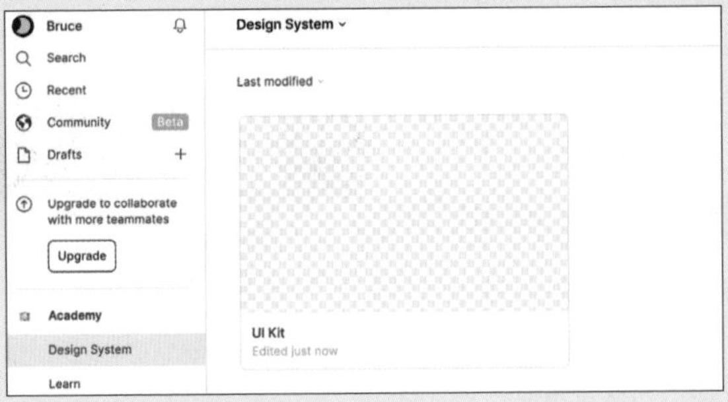

图1-41 创建项目和文件

第2章
Figma基础

本章将介绍形状工具、图层和文本等。如果你使用过
Sketch 或 Adobe XD，那么学起来将会非常轻松。

本章内容

2.1　文件浏览器

成功登录 Figma 后，将进入文件浏览器页面。

在文件浏览器页面的左侧可以在**搜索**、**最近浏览**、**草稿**、**社区**、**已有团队**和**项目**之间快速切换，如图 2-1 所示。

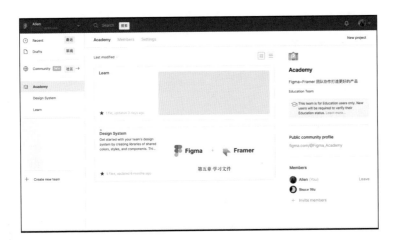

图2-1　文件浏览器页面

2.1.1　了解文件浏览器

文件浏览器页面就像是 Figma 的管理页面，本小节将介绍设置、搜索、最近浏览、社区、草稿和已删除。

1. 设置（Settings）

登录后，单击文件浏览器右上角的头像，从下拉菜单中选择"Settings"（设置），在设置窗口中可以进行以下操作。

① 修改名称、头像、邮箱、密码和公开在社区的个人页面地址。

② 删除账户。

③ 创建 API 令牌。

④ 应用授权管理。

⑤ 配置文件链接。

⑥ 开启或关闭本地字库。

⑦ 通知设置。

⑧ 资源库设置。

2. 搜索（Search）

可通过顶部的"Search"（搜索）输入框搜索本地和社区中的文件。

对于搜索结果，可以按名称在"Drafts and Teams"（草稿和团队）中查找文件、项目或协作者，也可通过推荐结果快速跳转到搜索字段在"Community"（社区）的相关内容。

3. 最近浏览（Recent）

单击文件浏览器左侧的"Recent"（最近浏览），可查看最近编辑或浏览过的文件。

4. 社区（Community）

社区是一个开放的空间，设计师可以将文件或插件发布到社区，全球的设计师都可以在上面分享文件和互相学习等，如图 2-2 所示。

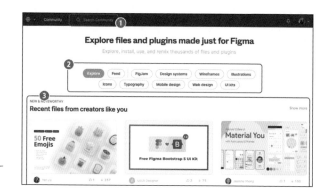

图2-2　社区主页

① 搜索 Figma 社区。

② 按对应标签对社区内的文件进行筛选。

③ 社区推荐模块，向上滑动页面可看到根据"Files"（文件）、"Plugins"（插件）和"Creators"（创作者）进行筛选的模块。

如果你加入了社区，单击页面右上角的个人头像，在下拉菜单中选择"Community profile"（社区简介）可看到自己在社区中展示的页面，如图 2-3 所示。

图2-3　社区用户页

① 查看自己分享和喜欢的文件。

② 你的社区信息，名称、备注和网址都可以单独修改。

③ 你分享的文件，单击可进入详情页。

5. 草稿（Drafts）

单击"Drafts"（草稿）可以查看草稿和已删除的文件，在草稿页面中也可以新建或导入文件。

6. 已删除（Deleted）

对已删除的文件进行复制到草稿、恢复或永久删除操作。

单击草稿页面顶部的"Deleted"（已删除）可以访问已删除的文件，用鼠标右键单击已删除的文件可以对文件进行复制到草稿、恢复和永久删除等操作。

2.1.2　查看文件

文件是我们进行协作设计的地方，单击文件浏览器页面左侧已创建的项目便可以查看其中的所有文件，如图 2-4 所示。

1. 文件的排序与显示方式

◈ 步骤01　打开创建好的任意项目，浏览设计文件的排序，如图 2-4 所示。

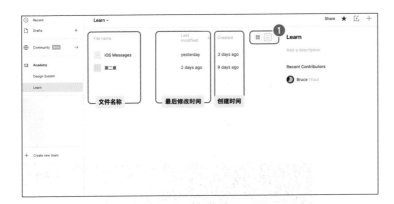

图2-4　浏览文件

◈ 步骤02　单击项目中的"File name"（文件名称）、"Last modified"（最后修改时间）或"Created"（创建时间）可对文件进行排序。

◈ 步骤03　单击图 2-4 中❶处的两个按钮，可将文件按网格或列表的形式显示。

2. 文件菜单

用鼠标右键单击文件浏览器页面中的任意文件，展开文件菜单，如图 2-5 所示。

图2-5　文件菜单

① 打开文件。

② 在新窗口中打开文件。

③ 复制文件链接。

④ Pin 到项目（当文件数量过多时可以使用该功能将文件固定在页面上方）。

⑤ 分享文件。

⑥ 创建副本。

⑦ 重命名文件。

⑧ 删除文件。

2.1.3　管理最近浏览的文件

最近浏览中有图2-6所示的功能。

图2-6　最近浏览

1. 将文件从最近浏览中删除

◈ 步骤01 用鼠标右键单击自己创建的文件，打开文件菜单。

◈ 步骤02 在菜单中选择"Remove from Recent"（从最近中删除）。

◈ 步骤03 把该文件从最近浏览中删除，可以从文件所在的项目中打开它。

2. 在项目中显示文件

◈ 步骤01 用鼠标右键单击自己创建的文件，打开文件菜单。

◈ 步骤02 在菜单中选择"Show in Project"（在项目中显示）。

◈ 步骤03 Figma 将会打开该文件所在的项目。

2.1.4 在草稿、项目和账户中移动文件

如果你是文件的所有者，在删除或离开团队前需要转让所有权，这样文件才不会从团队中消失。

1. 在文件浏览器中移动文件

◈ 步骤01 选择你要移动的文件（按住 Shift 键并单击文件，可以选择多个文件）。

◈ 步骤02 将选择的文件拖动到文件浏览器左侧的草稿或项目中。

◈ 步骤03 释放鼠标以完成文件的移动。

2. 在账户之间移动文件

可能会遇到删除团队、移交文件或其他原因而需将文件移动到另一个账户的情况，可以通过下面两种方法来移动文件。

（1）导出/导入文件

将文件导出为 .fig 文件，然后用另一个账户进行导入。

对于新导入的 Figma 文件，你将拥有文件的所有权，而且所有样式和组件也将变为新的。

（2）分享文件

在文件中邀请新的协作者作为文件的编辑者。

如果文件已在一个团队中，你可以移动文件到新的团队后再邀请协作者加入新团队。

2.2 关于文件的那些事儿

Figma 界面简洁，使用起来也特别流畅。所有 Figma 文件都可以在线保存，用手机打开 Figma 设计文件链接，可轻松缩放查看页面中的多个画框。

当你在浏览器中首次打开比较大的 Figma 文件时，打开速度可能会比较慢，当文件加载完毕后你会觉得它比本地的 Sketch 文件用起来还顺畅。

2.2.1 Figma中的文件

Figma 中的文件是指 Figma 中的设计文件，可以在文件中创建多个页面进行文件的设计，当设计完成后可以把文件分享给编程人员或产品经理。

1. 文件的作用

① 文件是进行协作设计的地方，可以在里面进行矢量创作。

② 绘制线框图。

③ 设计高保真原型。

④ 创建原型。

⑤ 进行简单的图片处理。

⑥ 设计 PDF 文件。

⑦ 进行版本控制。

2. 文件的保存

Figma 的设计文件是实时在线保存的，也可以保存到本地。

单击菜单按钮☰，选择"File">"Save as .fig"对文件进行保存。保存在本地的文件扩展名为".fig"，这种格式的文件只可以用 Figma 打开。

如果你要将设计的文件导出到其他软件（如 Sketch ），可以通过复制粘贴"Figma画框"或导出"SVG 文件"的方式将其导入其他设计软件中。

3. 文件的权限

你可以分享文件给相关协作者，让他们加入你的设计文件中。控制 Figma 文件权限的操作如下。

① 对协作者进行权限设置（可编辑或可查看等）。

② 邀请协作者加入"草稿"或"项目"的 Figma 文件中。

③ 将自己的文件转让给别人。

④ 从文件中删除协作者。

⑤ 从团队外部邀请某人访问特定文件。

2.2.2 Figma 中的页面

我们可以在每个设计文件中创建无数个页面，还可以根据自己的项目需求对页面进行重命名。页面的作用有：跟踪设计过程的每个阶段，记录项目的迭代过程；按平台、设备、功能、产品、组件、样式来对页面进分类；向协作者展示自己的想法或版本，设计完成后可以让工程师知道需要开发什么；创建原子组件（Atomic Libraries）和设计系统（Design Systems），为设计出的高保真原型创建不同的交互流程。

2.2.3　添加和管理页面

每个页面都有独立的"Canvas"（**画布**），可在不同页面中创建单独的原型动画。

在文件中，可单击"Layers"（**图层**）模块右侧的⌄按钮来展开或关闭页面列表，如图 2-7 所示。

图2-7　展开页面列表

1. 添加新页面

步骤01　展开页面列表后，单击左侧面板中的⊞按钮添加一个页面，如图 2-8 所示。

图2-8　添加新页面

步骤02　为添加的页面重命名。

2. 复制页面

步骤01 在页面列表中选择要复制的页面。

步骤02 用鼠标右键单击页面，选择"Duplicate Page"（创建页面副本），如图2-9所示。

图2-9　页面菜单

步骤03 该页面的副本创建成功，名称为"Page 2"。

步骤04 用鼠标右键单击"Page 2"，选择"Rename Page"（重命名页面）可更改页面名称。

3. 重命名页面

重命名页面有两种方法。

① 右键单击页面，然后选择"Rename Page"（重命名页面）。

② 双击页面名称进行重命名。

4. 删除页面

步骤01 在页面列表中找到要删除的页面。

步骤02 用鼠标右键单击页面，选择"Delete Page"（删除页面）。

5. 调整页面顺序

步骤01 单击并长按要移动的页面。

步骤02 上下拖动页面，可将页面移动到所需位置。

步骤03 松开鼠标即可完成移动。

6. 在页面之间移动对象

移动对象可以是画框或组，也可以是单个文字或图片。

步骤01 在页面中选中要移动的对象。

步骤02 在所选对象上单击鼠标右键。

步骤03 选择"Move to Page"(**移到页面**），然后选择要移动到的页面，如图 2-10 所示。

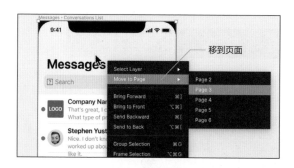

图2-10　移动对象到其他页面

2.2.4　给文件设置封面

每个文件都可以有自己的封面，建议设置好封面再分享文件链接。

如果没有设置封面，Figma 会自动将第一页作为封面。

1. 封面尺寸

为保证显示效果，建议创建画框，尺寸为 **1920px × 960px**，它的安全区域为 **1600px × 960px**。

如果使用其他尺寸，Figma 会为了填充文件封面区域而对图片进行缩放。

该尺寸也是社区中的文件展示尺寸，如果你要发布自己的设计文件到 **Figma 社区**，建议使用该尺寸来创建封面。

2. 封面的设置方法

步骤01 打开要创建封面的文件。

步骤02 新建一个尺寸为 **1920px × 960px** 的画框并对其进行设计。

步骤03 设计完成后用鼠标右键单击该画框。

步骤04 选择"Set as Thumbnail"(**设为封面**），如图 2-11 所示。

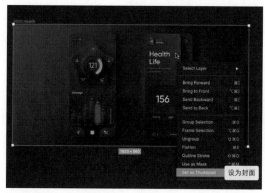

图2-11　设为封面

步骤05 Figma 会自动更新封面，更新成功后图标会显示在画框上方，如图 2-12 所示。

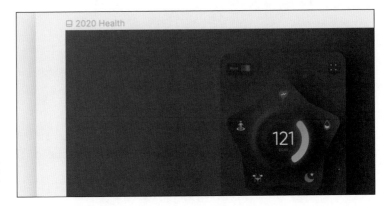

图2-12　封面更新成功

为文件设置了封面后，封面在项目和社区中都会显示出来，如图 2-13 所示。

图2-13　设置封面后的文件

2.2.5　修改文件权限

修改文件权限

转让 Figma 文件的所有权时，Figma 会将文件转移给新所有者。你也可以转让团队的所有权，转让后团队拥有的文件和项目将转移给新的所有者。草稿中的文件在你移交所有权后，还会保留在草稿中。转让所有权后，无法撤销该操作。转让权限的操作如下。

步骤01 打开文件，单击页面右上角的"Share"（分享）按钮。

步骤02 添加所有权的新所有者，单击其右侧的下拉按钮，然后从下拉菜单中选择"Owner"（所有者）。

◈ 步骤03 单击"Transfer Ownership"（**转移所有权**），完成权限的转让。

2.2.6　删除文件

◈ 步骤01 在文件浏览器中打开项目或文件页面。

◈ 步骤02 用鼠标右键单击文件，选择"Delete"（**删除**）。

◈ 步骤03 该文件会移动到草稿的"已删除"中，同时将删除所有协作者的文件。

永久删除文件

只有文件所有者可以永久删除文件，且该操作不可撤销，请谨慎使用。

◈ 步骤01 在文件浏览器中打开草稿，在右侧选择"Deleted"（**已删除**）。

◈ 步骤02 用鼠标右键单击要永久删除的文件。

◈ 步骤03 选择"Delete Forever"（**永久删除**）并确认。

2.2.7　恢复已删除的文件

如果文件所在项目未被删除，其还原方法如下。

◈ 步骤01 在文件浏览器中打开草稿，在右侧选择"Deleted"（**已删除**）。

◈ 步骤02 用鼠标右键单击要还原的文件，选择"Restore"（**恢复**）。

复制文件

如果文件所在项目被删除，可以将删除的文件复制到草稿，再将文件从草稿中移动到所需项目，如图 2-14 所示。

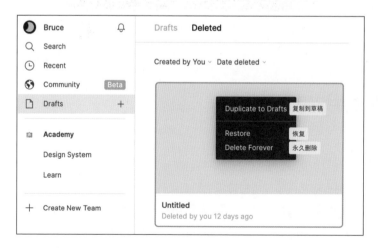

图2-14　复制文件

◈ 步骤01 在文件浏览器中打开草稿，在右侧选择"Deleted"（**已删除**）。

步骤02 用鼠标右键单击要恢复的文件，选择"Duplicate to Drafts"（**复制到草稿**）。

步骤03 切换到"Drafts"（**草稿**），可看到复制的文件。

2.2.8　版本记录

- Figma 可为入门版的用户保留 30 天的版本记录，升级到专业版或组织后可获得无限期保留的版本记录。
- 如果文件在 30 分钟内未被编辑，将会自动保存为一个版本。
- 版本记录可以用于查看文件的历史版本并支持恢复到任何历史版本。

1. 查看历史版本

步骤01 打开要查看历史版本的文件，单击空白区域，确保工具栏中不出现文件名。

步骤02 单击文件名右侧的下拉按钮，选择"Show Version History"（**查看历史版本**），如图2-15所示。

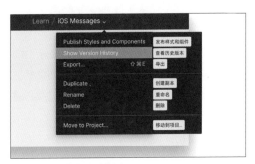

| 图2-15　查看历史版本

画布右侧的属性面板将会变成历史版本记录面板，可清楚看到文件的修改时间和修改人员。

退出历史版本记录预览：按"Esc"键可以退出历史版本记录的预览。

编辑当前版本：单击画布左上角的"Edit Current Version"（**编辑当前版本**）按钮，可编辑当前版本的文件，如图 2-16 所示。

| 图2-16　编辑当前版本

2. 历史版本设置

添加历史版本

为了方便查找，你可以在查看当前历史版本记录时，单击画布右上角的⊞按钮创建新版本，如图 2-17 所示，也可以使用快捷键手动创建新版本。

macOS Cmd+Option+S　　**Windows** Ctrl+Alt+S

图2-17 历史版本设置

单击页面下方的历史版本，会在当前页面中加载对应版本的文件。

可以单击版本右侧的⋯按钮进行重命名、复制、删除版本和复制版本链接等操作。

设计文件的整理情况是设计师专业度的体现，我们可结合 Figma 强大的文件系统来整理设计文件。

可以使用文件来管理自己的作品集、设计规范和产品需求文档等，也可以根据公司产品创建客服、运营、产品人员所需的设计物料。

2.3　形状和工具

2.3.1　Figma中的画框

Figma 的画框就像 Sketch、Photoshop 或 Adobe XD 里的画板。每个画框好比一个容器，我们可以根据设计需要调整画框的大小，也可以直接根据所选对象创建一个画框。

画框支持在其中嵌套画框，我们可以利用这个特点来做更复杂的设计，如"Layout Grid"（布局网格）、"Auto Layout"（自动布局）、"Constraints"（约束）、"Break point"（断点）和"Prototype"（原型）。

1. 创建画框

步骤01 单击工具栏中的"Frame"（画框）按钮⊞，选择画框工具。快捷键为"F"或"A"。

步骤02 单击画布，默认创建一个 100px × 100px 的画框。

2. 取消画框

用鼠标右键单击要取消的画框,选择"Ungroup"(**取消组合**),快捷键如下。

macOS Cmd+Shift+G   Windows Ctrl+Shift+G

3. 画框属性

选中画框,可在页面右侧调整它的属性,如图 2-18 所示。

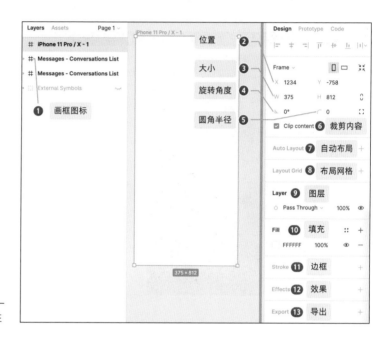

图2-18 画框属性

① 画框图标:画框在图层中的图标为 ⊞。

② 位置:调整画框的位置。

③ 大小:调整画框的宽与高。

④ 旋转角度:画框是可以整体旋转的。

⑤ 圆角半径:可为画框创建圆角。

⑥ 裁剪内容:对超出画框的所有对象进行隐藏。

⑦ 自动布局:创建响应式的动态画框。

⑧ 布局网格:创建辅助设计的布局网格。

⑨ 图层:可为画框设置正片叠底、滤色、叠加等属性。

⑩ 填充:为画框填充纯色、渐变和图片。

⑪ 边框:为画框添加描边或轮廓。

⑫ 效果:给所选对象添加内阴影、外阴影、图层模糊和背景模糊等效果。

⑬ 导出:导出当前画框(支持的导出格式有 PNG、JPG、SVG、PDF)。

4. 画框的嵌套

在画框中继续创建画框称为画框的嵌套。

为了方便说明画框的层级，我们将直接创建在画布中的画框称为**顶层画框**，如图 2-19 所示的"个人页面"。将创建在顶层画框中的画框称为**嵌套画框**，如图 2-19 所示的"个人信息""数据""图表"等。在**嵌套画框**中创建的画框和对象，对当前画框来说就是子级画框，图 2-19 所示的"名称""头像组"是"个人信息"的子级画框。

图2-19　画框的嵌套

5. 调整画框

（1）拖动画框

方式 1：选中画框，按住鼠标左键进行拖动。

方式 2：选中画框，通过修改页面右侧"X""Y"的数值来改变画框的位置。

（2）修改画框大小

方式 1：选中画框，拖动画框的 4 条边以调整其大小。

方式 2：选中画框，通过修改页面右侧"W""H"的数值来调整画框的大小。

方式 3：选中画框，单击页面右侧的"Frame"（画框）按钮，在下拉菜单中选择预设尺寸，预设尺寸信息与操作位置同创建画框时的预设信息一样。

（3）画框适应大小

选中画框后，可以单击页面右侧的"Resize to Fit"（适应大小）按钮⊞，将画框调整为画框内所有对象都可见的大小，快捷键如下。

| macOS | Cmd+Option+Shift+R | | Windows | 暂无 |

2.3.2　组

我们可以将多个元素（文字、图形）合并为组。

❖ 步骤01 选中要创建为组的元素。

❖ 步骤02 用鼠标右键单击所选元素，选择"**Group Selection**"（**添加编组**），快捷键如下。

| macOS | Cmd+G | | Windows | Ctrl+G |

1. 取消编组

取消编组的快捷键如下。

| macOS | Cmd+Shift+G | | Windows | Ctrl+Shift+G |

2. 将对象移出组

选中对象后，可以在左侧的**图层面板**中将对象移动到组外。

如果直接移动组内对象，组的范围也会自适应地跟随改变。

组的属性中没有布局网格，而且组中的元素也不可以进行约束设置，所以如果要使用该功能则需要将所选对象创建为画框。

2.3.3　形状工具

Figma 提供了多种形状工具，方便我们进行复杂矢量图案的设计，且使用形状工具设计的图案会占设计文件的很大一部分。单击工具栏中矩形工具右侧的下拉按钮可选择其他形状工具，如图 2-20 所示。

图2-20　形状工具

在创建矩形、椭圆和多边形时，按住"Shift"键再拖动鼠标指针可以从左上角开始创建正方形、圆形和正多边形。

创建形状时按住"Option"（Windows 为"Alt"）键，可以从形状中心进行创建。
同时按住"Shift"键和"Option"键可以从形状中心创建正多边形。

1. 矩形（Rectangle）

作用：创建矩形和正方形。

❀ 步骤01 选择形状工具列表中的**"Rectangle"**（**矩形**），快捷键为"R"。

❀ 步骤02 在画布中单击并拖动以创建矩形。

❀ 步骤03 选中矩形，其边缘会出现蓝色线条，调整矩形四周的**方形手柄**可改变矩形的大小，如图 2-21 所示。

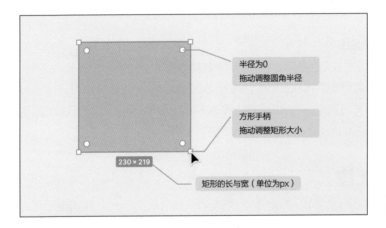

半径为0
拖动调整圆角半径

方形手柄
拖动调整矩形大小

230 × 219

矩形的长与宽（单位为px）

图2-21 绘制矩形

2. 直线（Line）

作用：分割内容、绘制图形、制作表格线和边框线。

❀ 步骤01 选择形状工具列表中的"Line"（直线），快捷键为"L"。

❀ 步骤02 单击画布并拖动以创建直线。

❀ 步骤03 直线与矩形的调整方法一样，创建直线后可以在右侧的**"Stroke"**（**边框**）中调整直线的部分样式，如图 2-22 所示。

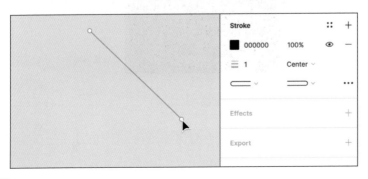

图2-22 绘制直线

3. 描边（Stroke）

其作用如下。

① 调整边框的颜色和透明度，增加多个边框。

② 调整边框线的宽度，以及将边框设置为 Center（居中）、Inside（内部）或 Outside（外部）样式。

③ 单击"Stroke"（边框）右下角的按钮⊡打开**高级边框**界面，可设置线条的虚实、断点和接合点，如图 2-23 所示。

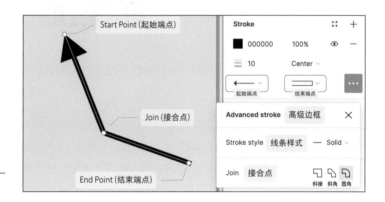

图2-23　高级边框

4. 箭头（Arrow）

◈ 步骤01 选择形状工具列表中的"Arrow"（箭头），快捷键为"Shift+L"。

◈ 步骤02 单击画布并拖动以创建箭头，可以在画布中通过拖动来改变箭头方向。

◈ 步骤03 箭头和直线一样也可用于调整边框。

修改端点类型

◈ 步骤01 选中绘制的线条，如图 2-24 所示。

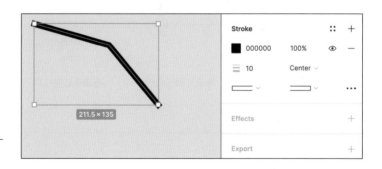

图2-24　选中线条

◈ 步骤02 打开"Start Point"（起始端点）下拉菜单，可选择多种端点样式，如图 2-25 所示。

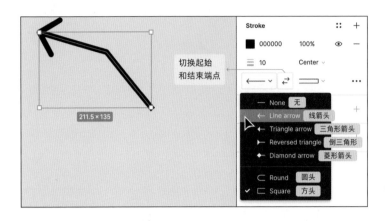

图2-25　下拉菜单

❀ 步骤03　单击🔁按钮可以切换线条起始和结束端点的样式。

5. 椭圆（Ellipse）

作用：绘制圆和椭圆或创建带有曲线的自定义形状。

❀ 步骤01　选择形状工具列表中的"Ellipse"（椭圆），快捷键为"O"。

❀ 步骤02　单击画布并拖动以创建椭圆，可以在画布中通过拖动来改变椭圆的半径。

❀ 步骤03　可以拖动椭圆四周的蓝色边线和方形手柄来改变椭圆的形状和大小。

创建 Arc（弧）

将鼠标指针移入椭圆中直到出现"Arc"（弧）圆点手柄。单击并拖动椭圆右侧的半径圆点手柄可以创建各种弧，拖动中心控制点可以创建空心效果，如图 2-26 所示。

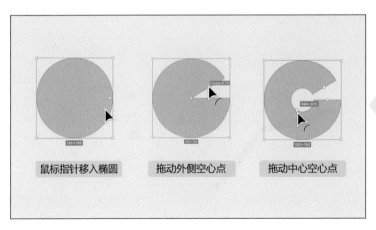

可以用手机扫描下方二维码预览弧和环的创建。

利用椭圆创建弧和环

图2-26　创建弧

6. 多边形（Polygon）

作用：Figma 多边形工具默认创建的是三角形，创建三角形后可以通过添加点来创建多边形。

⚜ 步骤01 选择形状工具列表中的"Polygon"（**多边形**）。

⚜ 步骤02 单击画布并拖动以创建多边形，多边形四周有可以改变多边形大小的蓝色边框和方形手柄。

⚜ 步骤03 双击多边形可以进入矢量编辑模式，将鼠标指针移到多边形边缘，在所需位置单击可以添加锚点，添加锚点后按"V"键可以拖动改变锚点的位置，如图 2-27 所示。

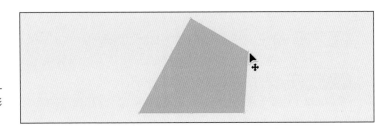

图2-27　多边形
上的锚点

⚜ 步骤04 可以为多边形的端点设置圆角。将鼠标指针移入多边形中，直到出现"Radius"（**半径**）圆点手柄，如图 2-28 所示。

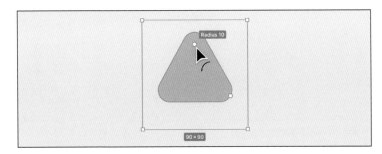

图2-28　半径圆
点手柄

⚜ 步骤05 单击并拖动半径圆点手柄。

创建更多边。在创建完三角形后，可以通过拖动三角形右侧的圆点来增加或减少多边形的边数，如图 2-29 所示。

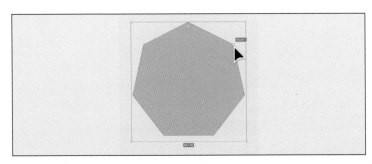

图2-29　改变多
边形的边数

多边形边界框。不难发现，在创建多边形后，其四周的边界框并不是很贴近多边形的。如果需要让边界框和多边形的真实边框保持一致，可以用鼠标右键单击该多边形并选择"Flatten"（**拼合**），快捷键如下。

macOS	Cmd+E		Windows	Ctrl+E

7. 星形（Star）

作用：该工具默认可以创建五角星形，还可以增加五角星形的边数或改变其端点半径。

（◈ 步骤01）选择形状工具列表中的"Star"（星形）。

（◈ 步骤02）单击画布并拖动以创建星形。

（◈ 步骤03）星形有 3 种圆点手柄，分别如下。

① Count（**计数**）手柄，在星形右侧的角上，它可以改变星形的角数（最小为 3，最大为 60），如图 2-30 所示。

② Ratio（**比率**）手柄，在星形内角上，它可以改变星形内角直径的百分比，如图 2-31 所示。

图2-30　计数手柄

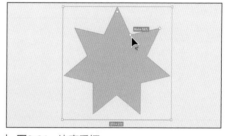

图2-31　比率手柄

③ Radius（**半径**）手柄，在星形上方，它可以改变星形每个外角的半径，如图 2-32 所示。

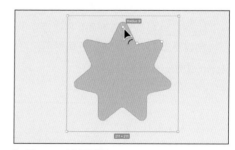

图2-32　半径手柄

8. 图片（Images）

作用：该工具可将本地图片插入项目中。

Place Image（**放置图片**）工具会在 2.7 节中进行说明。

2.3.4　矢量网络

Vector Network（**矢量网络**）是 Figma 中的一大特色，主要体现在以下几个方面。

① 矢量网络可以向不同方向分叉，在使用钢笔工具创建矢量路径时不用先返回原点再创建单独的路径对象。

② 在使用不同矢量工具时会出现对应手柄来辅助创建较为复杂的对象，比传统矢量工具要方便很多。

（1）创建矢量图层

选择工具栏中的钢笔工具或形状工具来创建矢量图层。

（2）编辑矢量图层

进入矢量编辑模式有两种方式。

① 双击矢量对象。

② 单击矢量对象并按"Enter"键。

进入矢量编辑模式后可以选择调整或更改单个点、线或整个形状的属性。在矢量编辑模式下工具栏中将会出现支持编辑矢量形状的工具，如图 2-33 所示。如果需要退出，单击"Done"（完成）按钮或再次按"Enter"键即可。

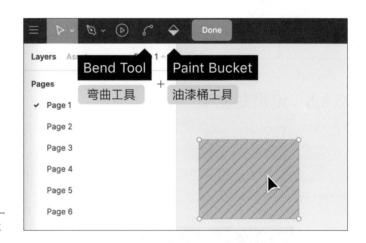

图2-33　矢量编辑模式

在编辑的过程中，可以直接调整已有的点或利用钢笔工具创建新的点。点之间可以是直线、曲线或什么也没有。

在矢量编辑模式中可以创建贝塞尔曲线、设置圆角和端点。

1. 贝塞尔曲线

如果对象是曲线，则曲线两侧会出现手柄。如果没有出现手柄，选择工具栏中的"Bend Tool"（弯曲工具）后单击曲线两侧的点，则会创建一条带有手柄的曲线，快捷键如下。

| macOS | 按住 Cmd 键并单击点 | | Windows | 按住 Ctrl 键并单击点 |

在使用弯曲工具时，重复单击点可创建或删除曲线。

2. 圆角

选中路径上的单个点，可以在页面右侧调整所选点处的圆角半径。

如果要在已经创建为曲线的转折点上创建圆角，则需要取消弯曲处设置的圆角才可生效。

3. 端点

默认创建的矢量图形是没有设置端点的，可以在高级边框中进行设置。端点共有以下几种模式，如图 2-34 所示。

图2-34 端点

2.3.5 编辑对象

编辑对象操作只对矢量图形有效，可以先使用钢笔工具或形状工具创建出矢量图形。

步骤01 选中所绘制的图形。

步骤02 在工具栏中单击"Edit Object"（编辑对象）按钮⊠进入编辑模式，也可以双击绘制的图形或按"Enter"键，如图 2-35 所示。

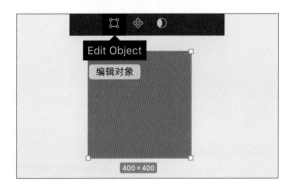

图2-35 编辑对象

在编辑模式下，可使用钢笔工具与颜料桶工具编辑当前图形。即便点之间是直线，也可以使用弯曲工具激活贝塞尔曲线，以便进行编辑。

在编辑模式下移动手柄时，可以按住"Option"（Windows 为"Alt"）键分开曲线方向，如图 2-36 所示，按住"Cmd"（Windows 为"Ctrl"）键可以合并曲线方向。

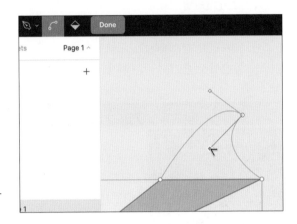

图2-36　分开曲线方向

2.3.6　使用缩放工具调整对象大小

缩放工具可以对所选对象进行等比缩放，对象的阴影、文字的字号与行高等都会一起缩放。

◈ 步骤01　选中要缩放的对象。

◈ 步骤02　单击移动工具右侧的下拉按钮或按快捷键"K"，选择缩放工具，如图2-37所示。

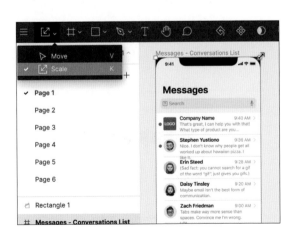

图2-37　缩放工具

◈ 步骤03　用鼠标左键按住对象四周的方形手柄并拖动，即可缩放对象。

2.3.7 将参考线添加到画布或画框

参考线可以帮助我们在设计时准确定位对象。可以将参考线添加到画布或画框中来检查对象是否对齐。

1. 显示标尺

显示标尺后才可以创建参考线，有以下两种方式。

① 按快捷键"Shift+R"，标尺显示后再次按相同快捷键可隐藏标尺。

② 单击页面左上角的菜单按钮▤，选择"View">"Rulers"，如图 2-38 所示。

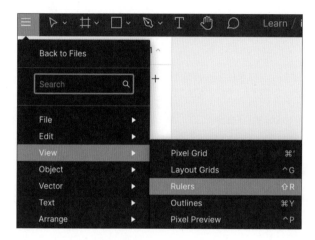

图2-38　显示标尺

2. 创建参考线

在水平或垂直方向上单击并拖动标尺，可以将参考线拉到画框中，在画框中移动参考线两端会出现虚线以方便观察，如图 2-39 所示。

图2-39　创建参考线

选中画布上的顶层画框，按住"Option"（Windows 为"Alt"）键后拖动参考线，可看到参考线与画框的距离（单位为 px）。当参考线移动到画框内后，将显示参考线与所选画框最近边的距离，如图 2-40 所示。

图2-40　参考线距离

3. 删除参考线

使用以下两种方式可删除参考线。

① 拖曳参考线到标尺外部。

② 单击参考线（会变为蓝色），然后按"Delete"键。

2.3.8　布尔运算

布尔运算可以对两个矢量对象进行并集、减去、交集、差集或拼合运算，选中两个矢量图形后单击"Union Selection"（并集所选项）按钮 ▣ 右侧的下拉按钮，可展开布尔运算列表，如图 2-41 所示。

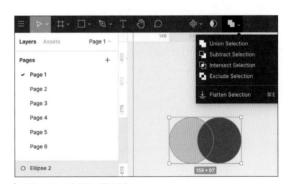

图2-41　布尔运算列表

具体作用如下。

Union Selection（**并集所选项**）：将重叠的路径合并成一条。

Subtract Selection（**减去顶层所选项**）：从底层减去所有上方重叠项。

Intersect Selection（**交集所选项**）：将重叠的路径合并成新的路径。

Exclude Selection（**差集所选项**）：将不重叠的部分合并成新的路径。

Flatten Selection（**拼合所选项**）：将选择的多个对象合并成一个整体。

为了方便查看不同布尔运算的效果，可以参考图 2-42 所示的内容。

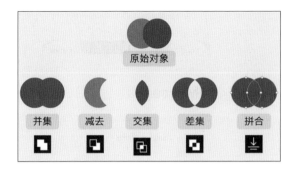

图2-42　布尔运算效果

上图中的"拼合"样式为矢量编辑模式下的截图，目的是方便读者了解拼合后的锚点。

实战：对两个矩形分别进行5种布尔运算

要求：使用布尔运算工具进行设计，需包含并集、减去、交集、差集和拼合效果。

步骤01 在画布中创建一个 1440px×900px 的画框。

步骤02 在画框中创建两个宽与高都为 120px 的矩形，并将矩形相互重叠一部分。

步骤03 选中创建的两个矩形，单击"Union Selection"（**并集所选项**）右侧的下拉按钮，选择"Union Selection"（**并集所选项**），完成并集效果的创建。

步骤04 同理，依次进行减去、交集、差集和拼合效果的创建，完成后可与图 2-43 中的效果进行对比。

图2-43　布尔运算练习

2.3.9　蒙版遮罩

Figma 中的蒙版为矢量遮罩蒙版，设为蒙版的对象将会只显示它上方的对象。

步骤01 在画布中创建一个宽度为 270px 的矩形和一个直径为 270px 的圆，完成后将圆放在矩形上方并将它们半重叠摆放，如图 2-44 所示。

步骤02 框选所创建的矩形和圆，单击 "Use as Mask"（设为蒙版）按钮。将会看到矩形变为了蒙版而且图层的样式也变了，圆只显示出了与矩形重叠的部分，如图 2-45 所示。

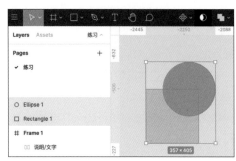

图2-44　创建蒙版遮罩图形

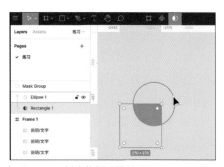

图2-45　创建蒙版后的效果

在左侧的图层面板中可看到创建的蒙版在系统创建的组 "Mask Group" 中。对圆进行移动或变形操作，可见区域仍只在矩形中，如图 2-46 所示。

单击矩形图层对其进行矢量调整，可看到圆的显示区域根据矩形的变化而改变，如图 2-47 所示。

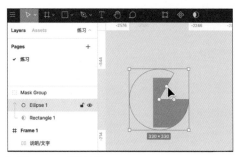

图2-46　对圆变形

图2-47　调整蒙版

在设计过程中应分清画框和组的特点。

在使用形状工具和钢笔工具进行矢量创作时，要多配合快捷键 "Option"（Windows 为 "Alt"）键和 "Cmd"（Windows 为 "Ctrl"）键进行设计。

布尔运算和蒙版在设计商标时使用得最多，正确使用布尔运算可优化商标的路径。

2.4 图层

在画布中创建的所有对象都将体现在图层中，在图层面板中可以看到对象的上下层级。

命名清晰且上下有逻辑的图层可以体现出设计师的专业度和对设计的热爱程度。

本节将对不同图层样式、约束等属性的添加方法进行详细说明。

2.4.1 批量重命名图层

清晰的图层命名结构可以更方便地管理图层，Figma 拥有强大的重命名功能。

① 只把所选图层改为相同的名称。

② 给多个所选图层添加前缀或在名称后面添加有序后缀（如1、2、3）。

③ 对多个所选图层的部分名称进行替换（如所选对象名称左侧都为"icon/"，可快速将其替换为"ic/"）。

单个图层重命名： 双击该图层或用鼠标右键单击该图层后选择"Rename"（重命名），即可对图层名称进行修改，快捷键如下。

macOS Cmd+R   **Windows** Ctrl+R

多个图层重命名： 按住"Cmd"（Windows 为"Ctrl"）键并在图层列表中单击要重命名的图层直到选择完成后松开，用鼠标右键单击选中的图层后选择"Rename"（重命名），然后在重命名弹窗中对图层名称进行修改，如图 2-48 所示。

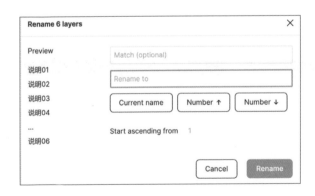

图2-48　重命名多个图层

一般根据所选图层的实际功能来进行批量重命名，在批量重命名页面中可以看到一些按钮和输入框，使用 Figma 的批量重命名功能可以为每个所选图层添加相同或不相同的名称。为了方便理解，下面展示 3 个批量重命名的例子。

示例1：将所有的红色矩形图层重命名为"Red方块"

◈ 步骤01 选择所有红色矩形。

⬦ 步骤02 使用以下快捷键打开重命名弹窗。

macOS Cmd+R　　　　**Windows** Ctrl+R

⬦ 步骤03 在"Rename to"（**重命名为**）输入框中输入"Red 方块"。

⬦ 步骤04 单击"Rename"按钮，所选图层的名称将会更新，如图 2-49 所示。

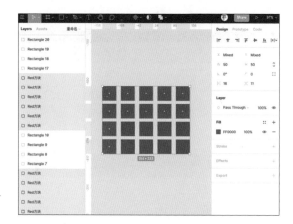

图2-49　批量重命名为相同名称

示例2：将所有图标名称左侧的"icon/"改为"ic/"，如图2-50所示。

图2-50　替换部分名称

⬦ 步骤01 选择所有对象。

⬦ 步骤02 使用以下快捷键打开重命名弹窗。

macOS Cmd+R　　　　**Windows** Ctrl+R

⬦ 步骤03 在"Match（option）"{匹配（选项）}输入框中输入"icon/"，完成后在"Replace with"（用……来代替）输入框中输入"ic/"。

⬦ 步骤04 单击"Rename"按钮，所选图层的名称将会更新。

示例3：使用数字后缀重命名所选图层

⬦ 步骤01 选择所有对象。

◈ 步骤02 使用快捷键打开重命名弹窗。

◈ 步骤03 在"Rename to"（**重命名为**）输入框中输入要使用的名称。

◈ 步骤04 单击"Number ↑"或"Number ↓"按钮，名称后面会添加一些代码，意思是告诉 Figma 在每个图层名称末尾添加一个递增或递减的数字。

◈ 步骤05 在页面左侧可以对重命名的结果进行预览，如图 2-51 所示。

图2-51 添加数字后缀

◈ 步骤06 单击"Rename"按钮，所选图层的名称将会更新。

图层较多时，可以结合上述的 3 种方法来对图层进行重命名。

2.4.2 锁定和解锁图层

锁定暂时不用的对象，可以防止因误操作而让对象位置或样式改变。锁定图层后将无法在画布中选中该图层，但可以在图层面板里选中锁定的图层对其进行样式的修改。

如果锁定的是父级画框，则该画框中的所有子级画框也将被锁定。解锁父级画框后子级画框才会解锁。

被锁定的图层名称右侧有一个按钮🔒，单击该按钮可解锁图层；没有被锁定的图层名称右侧不显示该按钮。

当鼠标指针移入未锁定的图层时，该图层的名称右侧会显示按钮🔓，单击该按钮可锁定图层。

◈ 步骤01 用鼠标右键单击要锁定的图层，选择"Lock/Unlock"（**锁定 / 解锁**）即可锁定图层，快捷键如下。

macOS Cmd+Shift+L   **Windows** Ctrl+Shift+L

◈ 步骤02 用鼠标右键单击要解锁的图层，选择"Lock/Unlock"（**锁定 / 解锁**）即可解锁图层。

一次锁定 / 解锁多个图层：直接选中要锁定 / 解锁的图层，用鼠标右键单击图层并选择"Lock/Unlock"（**锁定 / 解锁**）即可；还可以用鼠标左键按住🔒或🔓，在要更新的图层上进行拖动，如图 2-52 所示。

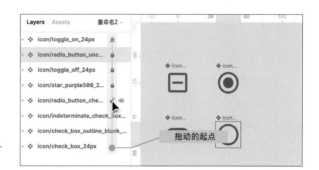

图2-52 批量锁定或解锁图层

注意：图 2-52 中绿色背景是可进行拖动的区域，箭头为拖动方向，真实操作中并不存在。

2.4.3 显示和隐藏图层

新创建的图层默认处于显示状态，图层隐藏后在画布中将不可见，可以在图层面板中将其显示出来。

图层的显示和隐藏状态用图层名称右侧的眼睛图标进行表示，与图层的锁定和隐藏的交互相同。

步骤01 用鼠标右键单击要隐藏的图层，选择"Show/Hide"（显示 / 隐藏）即可隐藏图层，快捷键如下。

macOS Cmd+Shift+H   Windows Ctrl+Shift+H

步骤02 用鼠标右键单击要显示的图层，选择"Show/Hide"（显示 / 隐藏）即可显示图层。

被隐藏的图层在画布中不会显示，而且该图层在图层面板中显示为灰色，选中隐藏的图层可在画布中查看其位置，如图 2-53 所示。

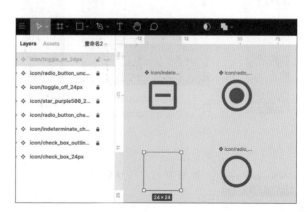

图2-53 选中隐藏的图层

2.4.4　填充

在 Figma 中可以给文字、画框或矢量图形填充颜色、渐变或图片。

1. 了解填充

选中对象后在右侧的"Fill"（**填充**）**模块**中可以进行添加、调整或删除填充等操作，也可以同时选中多个对象进行填充，如图 2-54 所示。

◈ **步骤01** 选中要填充的图层。

◈ **步骤02** 在页面右侧的"Fill"（**填充**）中单击⊞按钮为图层添加填充效果。

◈ **步骤03** Figma 默认给对象填充的是"纯色"，色块右侧会显示该色的十六进制色值，单击色块可打开填充选择器，如图 2-55 所示。

◈ **步骤04** 在填充选择器中，你可以进行以下操作，如图 2-56 所示。

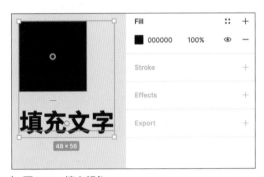

| 图2-54　填充颜色

| 图2-55　填充选择器

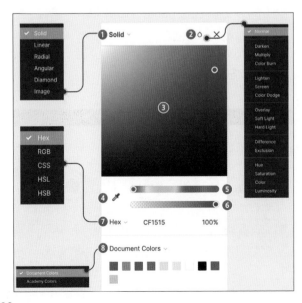

图2-56　填充选择器详情

① 可以选择以下填充类型。

　（a）Solid（纯色）。

　（b）Linear（线性渐变）。

　（c）Radial（径向渐变）。

　（d）Angular（角度渐变）。

　（e）Diamond（菱形渐变）。

　（f）Image（图片）。

② 为所选对象设置Blend Modes（**混合模式**）。混合模式在 2.4.6 小节中会进行说明。

③ 调色板，可滑动选择颜色。

④ 吸管工具，可以从屏幕中吸取任何颜色。

⑤ 左右滑动可调整**色相**。

⑥ 左右滑动可调整**不透明度**。

⑦ 查看不同 Color Model（**颜色模型**）的色值。

⑧ 使用当前文件中保存的颜色或已启用库中的颜色。

2. 添加和删除填充

步骤01 选择一个对象。

步骤02 在填充面板中查看该对象是否有填充，如果有，则单击色块，在填充选择器中进行颜色的调整，调整颜色时可实时查看对象的颜色变化。

步骤03 单个对象的填充可以叠加多层，填充层从上到下排列，类似图层的叠加。可以单击页面右侧的⊞或⊟按钮来进行增 / 删填充层操作，如图 2-57 所示。

图2-57　增/删填充层

3. 调整填充属性

Figma 中的 Selection Colors（**选择颜色**）可以对所选对象的颜色进行统一的调整。颜色的调整范围包含了所选对象的填充颜色和边框颜色，如果选择的是父级对象，则颜色将会应用到它的子级对象上。

◈ 步骤01 选择一个对象。

◈ 步骤02 如果该对象只有一个**填充属性**，可以直接在属性面板的"Fill"（**填充**）中进行调整。

◈ 步骤03 如果该对象有多个不同的**填充属性**，可在属性面板的"Selection Colors"（**选择颜色**）中调整其单个填充属性，如图 2-58 所示。

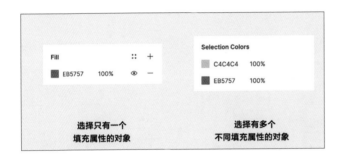

图2-58　填充属性

4. 调整填充顺序

对单个对象中的填充进行顺序调整时，可以单击并用鼠标左键按住色块的边缘，然后将其拖动到其他地方即可，如图 2-59 所示。

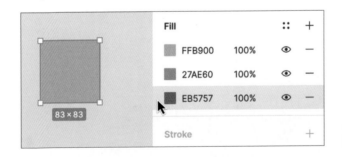

图2-59　调整填充顺序

2.4.5　阴影和模糊

在设计中，阴影的作用是区分形状或位置以引起用户的注意，例如 Material Design 中的卡片浮动（Elevation）就应用了大量阴影效果。

模糊却恰恰相反，其在设计中常被用于弹窗背景、顶部导航栏背景或页面背景，作用是让用户把注意力放在弹窗和页面中的主要内容上。

Figma 中的 **Effects**（**效果**）共有 4 种。

① Inner Shadow（**内阴影**）。

② Drop Shadow（**外阴影**）。

③ Layer Blur（**图层模糊**）。

④ Background Blur（背景模糊）。

在添加效果时，每种效果最多添加8次。

1. 阴影

阴影可以优化设计效果，如图2-60所示，Figma中有内阴影和外阴影两种阴影效果。

图2-60　内阴影

（1）内阴影（Inner Shadow）的应用

① 可以在文本内创建内阴影。

② 给对象设置凹陷质感。

③ 区分按钮的活动或非活动状态。

（2）外阴影（Drop Shadow）的应用

① 说明光源的方向。

② 让对象更容易被用户发现。

③ 让对象看起来更真实或更立体。

④ 对文字和图形进行风格化处理。

⑤ 在对象周围添加边框。

2. 添加阴影

可以为画框、组、文字或图形添加阴影效果。

步骤01 选择要添加阴影的对象。

步骤02 选择页面右侧的"Effects"（效果）。新创建阴影后，系统会默认将其设置为"Drop Shadow"（外阴影），可以单击⊡按钮将其切换成"Inner Shadow"（内阴影）。

步骤03 单击⊞按钮可调整阴影的设置，如图2-61所示。

71

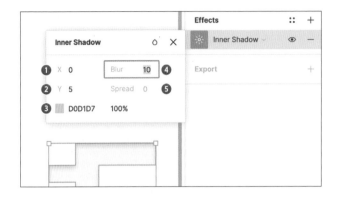

图2-61 阴影设置

① X：阴影沿 x 轴（水平）方向偏移，数字的正负分别代表左和右。

② Y：阴影沿 y 轴（垂直）方向偏移，数字的正负分别代表上和下。

③ Effect Color（**效果色**）：单击色块可对其进行调整，可改变阴影的颜色与透明度。

④ Blur（**模糊**）：调整阴影的模糊度，右侧数字越大，阴影和背景越协调。

⑤ Spread（**扩展**）：调整阴影的大小，表示所选对象和阴影的距离，数字越大，阴影范围越大。

3. 模糊

模糊有**图层模糊**和**背景模糊**两种。

图层模糊是指对当前对象进行模糊处理，一般用在背景图片上；背景模糊是指通过改变自身效果来对下层的对象进行模糊处理，其效果如同把当前对象变成磨砂玻璃，如图 2-62 所示。

图2-62 模糊对比

填充背景模糊后需要设置不透明度。根据情况可将其设置为 0.1% ～ 99.99% 的任何数值，如果设置为 100%，背景模糊效果将会消失。

4. 添加模糊

步骤01 选择要添加模糊的对象。

步骤02 选择页面右侧的"Effects"（效果）。新创建模糊后，系统会默认将其设置为"Drop Shadow"（外阴影），可以单击⊟按钮将其切换成"Layer Blur"（图层模糊）或"Background Blur"（背景模糊）。

步骤03 单击⊞按钮可调整模糊数值。

步骤04 如果选择的是背景模糊，则需要调整其不透明度。

5. 复制/粘贴样式

步骤01 用鼠标右键单击添加了效果的对象，选择"Copy/Pasts">"Copy Properties"，快捷键如下。

| macOS | Cmd+Option+C | | Windows | Ctrl+Alt+C |

步骤02 找到需要应用该样式的对象，用鼠标右键单击该对象并选择"Copy/Pasts">"Paste Properties"，快捷键如下。

| macOS | Cmd+Option+V | | Windows | Ctrl+Alt+V |

实战：制作一个带有背景模糊效果的iPhone 8导航栏

iPhone 8 导航栏的尺寸为 375px×88px，模糊为背景模糊（值为 20），背景色为 F9F9F9，背景的不透明度为 94%。

步骤01 创建一个尺寸为 375px×667px 的画框，为了体现出模糊效果可以为画框填充一张图片作为背景图。

步骤02 在画框中创建一个尺寸为375px×88px 的画框并置顶，选择"Fill"（填充），将背景色设置为 F9F9F9，不透明度修改为 94%。

步骤03 选择"Effects"（效果），选择"Background Blur"（背景模糊），单击⊞按钮将模糊数值改为 20，最终的效果如图 2-63 所示。

图2-63　背景模糊效果的应用

2.4.6 混合模式

混合模式需要有两个重叠对象才可以设置。它可以调整对象的样式，如背景色、叠加纹理和滤色等。

混合模式可以调整整个图层或单个填充对象，同一对象只能在"Layer"（层）或"Fill"（填充）中使用一种混合模式。

混合模式共有以下 16 种。

① Normal（正常）。

② Darken（变暗）。

③ Multiply（正片叠底）。

④ Color Burn（颜色加深）。

⑤ Lighten（变亮）。

⑥ Screen（滤色）。

⑦ Color Dodge（颜色减淡）。

⑧ Overlay（叠加）。

⑨ Soft Light（柔光）。

⑩ Hard Light（强光）。

⑪ Difference（差集）。

⑫ Exclusion（排除）。

⑬ Hue（色相）。

⑭ Saturation（饱和度）。

⑮ Color（颜色）。

⑯ Luminosity（明度）。

1. 在"Fill"（填充）中设置混合模式

◈ 步骤01 选择页面右侧的"Fill"（填充）缩略图，打开填充选择器。

◈ 步骤02 单击填充选择器右上角的回按钮，选择一种混合模式，如图2-64所示。

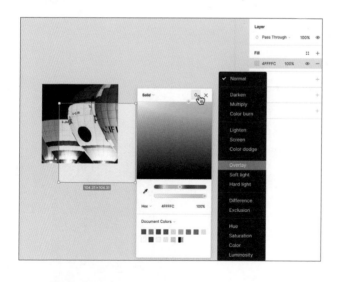

图2-64　选择混合模式

◈ 步骤03 选择所需的混合模式并将其应用在对象上，图2-64 中选择的是 Overlay（叠加）模式。

◈ 步骤04 单击填充选择器右上角的关闭按钮返回到画布中。

2. 在"Layer"（层）中设置混合模式

步骤01 选中要应用混合模式的图层。

步骤02 打开右侧"Layer"（层）下方的下拉菜单，图层默认的混合模式为"Pass Through"（**穿透**），如图 2-65 所示。

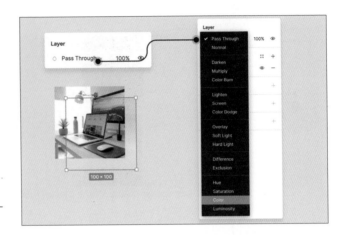

图2-65　默认的混合模式

步骤03 选择需要的混合模式。

> **注意：** 每个图层只可以应用一种混合模式。

2.4.7　约束

在 Figma 中，约束可以控制设计元素在不同画框上的响应效果，方便我们了解设计元素在不同屏幕尺寸的设备上的样式。

我们可以在 x 轴（水平）方向和 y 轴（垂直）方向上约束对象，Figma 默认将创建在画框中的对象约束在 Left（左侧）和 Top（顶部），如图 2-66 所示。

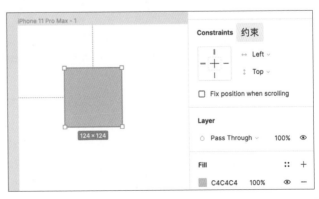

图2-66　约束

1. 水平/垂直约束

❖ 步骤01 选中要设置约束的对象。

❖ 步骤02 单击约束属性下方的"Left"(左侧)或"Top"(顶部)以展开约束设置。下面将对水平约束、垂直约束和滚动时保持固定进行说明,如图 2-67 所示。

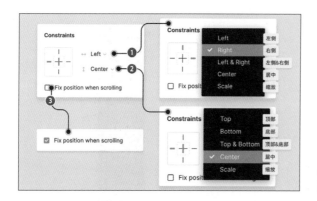

图2-67 约束属性

(1)水平约束

Left(左侧):固定对象与画框左侧的距离。

Right(右侧):固定对象与画框右侧的距离。

Left & Right(左侧 & 右侧):固定对象与画框左右两侧的距离,调整画框大小时,对象将会沿 x 轴(水平)方向放大或缩小。

Center(居中):固定对象与画框水平中心的距离。

Scale(缩放):将对象的宽度和位置值与画框的尺寸设置为等比关系,调整画框大小时,对象宽度将会等比变化(例如,在宽和高均为 200px 的正方形画框中创建一个宽和高均为 40px 的小正方形,并将正方形的水平约束设置为缩放,当调整画框宽度为 400px 后,小正方形的宽度将变为 80px)。

(2)垂直约束

Top(顶部):固定对象与画框顶部的距离。

Bottom(底部):固定对象与画框底部的距离。

Top & Bottom(顶部 & 底部):固定对象与画框上下两侧的距离,调整画框大小时,对象将会沿 y 轴(垂直)方向放大或缩小。

Center(居中):固定对象相对于画框垂直中心的距离,调整画框大小时候,对象与画框垂直中心的距离不变。

Scale(缩放):将对象的高度和位置值与画框的尺寸设置为等比关系,调整画框大小时,对象高度将会等比缩放。

水平 / 垂直约束也可以通过单击图 2-67 左侧田字格中的横线或竖线进行设置。

（3）滚动时保持固定

滚动时保持固定可以让对象在预览时固定在屏幕中，不受滚轮滚动的影响，该功能常被用在滚动时需要保持固定的导航栏上。

设置方法如下。

◈ 步骤01　选中预览时需要固定在屏幕中的对象。

◈ 步骤02　勾选约束下方的"Fix position when scrolling"（滚动时保持固定）复选框。

2. 使用约束时要注意的问题

① 约束可以应用于画框中的任何对象。

② 如果画框中的对象已经设置了约束，可以将该画框继续嵌套到其他画框中。

③ 水平和垂直约束可以同时使用。

④ 不可以将画框应用在组上，组的约束来源于组内的对象。如果将约束应用在组上，则该约束会应用到组内所有对象上。

3. 忽略约束

如果需要在忽略约束的情况下调整画框或对象的大小，可以使用快捷键。例如，画框内已经有了一个与画框右侧和下方距离固定的约束对象，如需调整画框大小且保证该对象在画框内的位置不变，可以通过快捷键来调整画框大小，快捷键如下。

macOS　按住 Cmd 键后再调整大小　　　　**Windows**　按住 Ctrl 键后再调整大小

合理对画框进行嵌套约束并精准控制约束的位置，做到灵活使用约束，才能确保我们的设计元素大小合理。

当在画框内使用布局网格和约束时，默认情况下画框内的元素会与布局网格对齐，如图 2-68 所示。

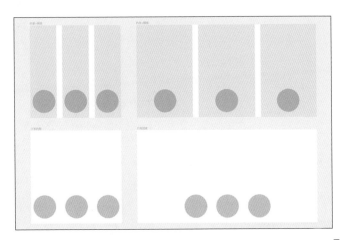

图2-68　同时使用布局网格和约束

图 2-68 所示的所有圆形的水平约束为居中，垂直约束为底部。当画框宽度变大后，设置了布局网格的画框中的圆形可以在网格内居中，没有设置布局网格的画框中的圆形只保留了与画框水平中心距离固定的约束。

2.4.8　布局网格

在进行响应式设计时，我们会遇到很多布局问题。为了让设计出的界面在不同尺寸的屏幕上都可以表现出色，就需要引入布局网格。

本小节将讲解什么是布局网格、布局网格的使用、创建和应用布局网格样式。

1. 什么是布局网格

布局网格可以帮助我们对齐画框中的对象，可为我们构建网站的视觉框架，让网站的呈现效果在不同平台和设备之间保持一致。

布局网格只可以应用在画框中，这些画框可以是顶层画框或嵌套在父级画框中的画框，如图 2-69 所示。

图2-69　布局网格的使用

使用布局网格可以进行以下操作。

① 保持多平台的一致性。

② 减少与布局相关的沟通。

③ 可在设计图标、页面和说明时使用布局网格。

④ 由于组件也是画框，因此可以在组件中使用布局网格。

2. 布局网格的使用

◈ 步骤01　在图层面板中单击要创建布局网格的画框。

◈ 步骤02　单击右侧属性面板中"Layout Grid"（**布局网格**）旁边的⊞按钮，将会在当前画框中创建一个默认的布局网格，如图 2-70 所示。

图2-70　添加默认的布局网格

◈ **步骤03** 单击▦按钮打开"Layout Grid Setting"（**布局网格设置**），可以更改布局网格默认的属性，如图2-71所示。

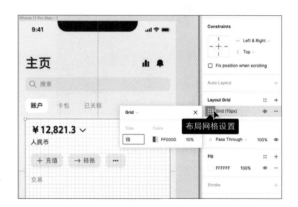

图2-71　布局网格设置

◈ **步骤04** 打开**布局网格设置**中的"Grid"（**网格**）下拉菜单，可以进一步选择布局网格的3种模式，如图2-72所示。

图2-72　进一步设置布局网格

Grid：创建均匀的网格。 Columns：创建只有列的网格。

Rows：创建只有行的网格。

◈ 步骤05 单击"Columns"（列）或"Rows"（行），布局网格设置中的内容将会改变。布局网格共有 3 种：**统一的正方形 Grid（网格）、Columns（列）、Rows（行）**。

（1）Grid（网格）属性

Grid（网格）属性可以设置每个正方形包含多少个像素，Size（尺寸）为 10px 的网格中，每个正方形网格中包含 100 个像素，如图 2-73 所示。

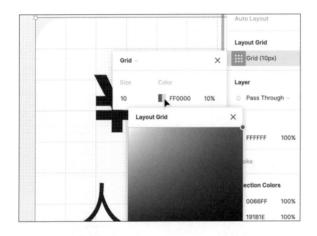

图2-73　网格属性

（2）Columns（列）和Rows（行）属性

布局网格可以同时使用列和行，如图 2-74 所示。

图2-74　列与行属性

可以设置的属性如下。

① Count（数量）：可以设置列或行的数量。

② Color（颜色）：设置网格的颜色，单击 Color（颜色）下方的色块可以修改网格的颜色。

③ Type（网格类型）：网格的对齐类型有 Top（顶部）、Bottom（底部）、Center（居中）和 Stretch（伸展）4 种。伸展类型可以自适应画框的大小，在你调整画框大小时网格的宽度或高度会根据画框大小而改变，如图 2-75 所示。

图2-75　伸展类型的网格

④ Width/Height（宽度 / 高度）：当网格类型为顶部、底部或居中时，可以固定网格的宽度或高度。

⑤ Margin（边距）：以列网格为例，可以设置内部网格与所选画框左右两侧的距离（行网格为上下两侧的距离），网格类型为伸展时才可以使用该属性。

⑥ Gutter（间距）：设定行或列之间的距离。

启用/禁用布局网格

① 单击已构建布局网格的画框。

② 单击布局网格属性右下方的▦或◉按钮，可以启用 / 禁用所创建的布局网格。

删除布局网格

① 单击已设置布局网格的画框。

② 单击布局网格属性右下方的⊟按钮，可以删除该布局网格。

显示/隐藏所有的布局网格

① 单击右上角的"Zoom/view options"（**缩放 / 查看选项**），展开视图设置菜单。

② 单击视图设置菜单中的"Layout Grid"（**布局网格**）可以显示/隐藏所有的布局网格。快捷键如下。

macOS　Ctrl+G　　　Windows　Ctrl+Shift+4

3. 创建和应用布局网格样式

在确定已创建的布局网格后，可以将已创建的布局网格保存为样式，以便重复使用。可在 3.1 节中了解关于样式的更多内容。

◈ 步骤01　选择已构建布局网格的画框。

> ❖ 步骤02 单击 "Layout Grid" (**布局网格**) 面板右侧的 ⊞ 按钮,展开网格样式列表。
> ❖ 步骤03 单击 "Grid Styles" (**网格样式**) 右侧的 ⊞ 按钮,如图 2-76 所示。

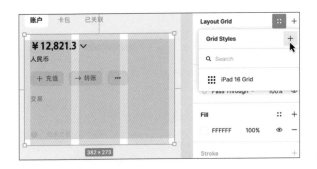

图2-76　网格样式

> ❖ 步骤04 在弹出的窗口中为网格样式设置一个方便记忆的名称,完成后单击 "Create style" (创建样式) 按钮即可,如图 2-77 所示。

图2-77　命名网格样式

应用布局网格样式

> ❖ 步骤01 在画布中选择或添加一个画框。
> ❖ 步骤02 单击 "Layout Grid" (**布局网格**) 面板右侧的 ⊞ 按钮,在网格样式列表中选择要添加的网格样式,如图 2-78 所示。

图2-78　选择网格样式

该网格样式将会应用到所选画框中,如图 2-79 所示。

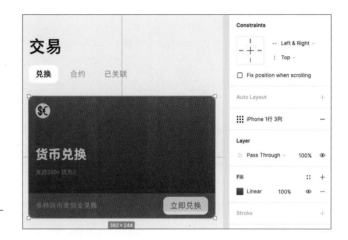

图2-79　应用网格样式

2.4.9　约束与布局网格的结合使用

约束：可以在调整父级画框的过程中控制对象的位置和大小。

布局网格：可以帮我们对齐对象。

将约束和布局网格结合使用可以创建更加灵活的布局。

在调整画框的宽与高时，布局网格具有**固定**或**拉伸**网格的特点，且画框内的元素会与布局网格对齐，不同布局网格类型会影响画框的约束。当顶层画框大小发生改变时，我们可以先确定对象的对齐方式，再合理使用网格和约束进行布局设计。

当布局网格属性为 Left、Center、Right、Top、Bottom 时是固定布局网格，为 Stretch 时是伸展布局网格。当布局网格和约束结合使用时可以通过网格属性来判断对象的响应方向，如图 2-80 所示。

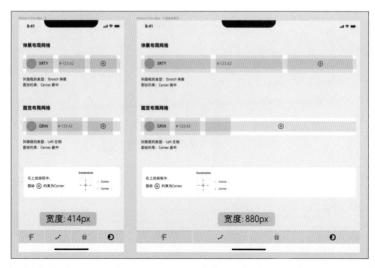

图2-80　伸展布局网格和固定布局网格

83

1. 伸展布局网格

将网格类型设置为"Stretch"（**伸展**），画框将会根据对象最近设置的网格的列或行给对象设置约束。

伸展布局网格可以适应画框的大小，画框大小改变时，网格也会同时改变。

画框宽度变大后，伸展布局网格中的图标位置会跟随伸展布局网格进行变化，如图2-80 所示。在改变画框宽度前后，图标始终保持在网格的中心。

2. 固定布局网格

固定布局网格可以选择网格的列和行，然后对应选择左侧、右侧、中部或上侧、下侧、中部进行固定。画框大小改变时，对象不会受固定布局网格的影响。

画框宽度变大后，固定布局网格中的图标只受自身约束的影响，如图 2-80 所示。

实战：给移动端的顶层画框设置布局网格

要求：设置一个 3 列且左右边距为 16px 的布局网格样式。

⊛ 步骤01 按"F"键，在右侧的画框中选择"Phone">"iPhone 11 Pro / X"。

⊛ 步骤02 选择所创建的画框，单击"Layout Grid"（**网络布局**）右侧的⊞按钮创建网格。

⊛ 步骤03 **创建布局网格**。单击▦按钮打开"Layout Grid Setting"（**布局网格设置**），按要求进行以下操作。

① 将网格属性改为列。

② 将数量设置为3。

③ 将边距设置为 16。

修改结果如图2-81 所示。

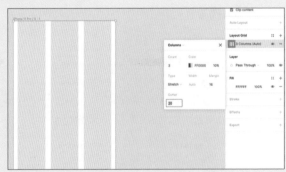

| 图2-81　创建布局网格

⊛ 步骤04 **创建布局网格样式**。单击"Layout Grid"（**布局网格**）面板右侧的⊞按钮，展开网格样式列表。

⊛ 步骤05 单击网格样式右侧的⊞按钮，在弹出的窗口中给网格样式设置一个方便记忆的名称即可。

2.5　颜色

颜色对品牌设计的影响十分大，在 Figma 中你可以给图形、文字、画框、图层、画布等填充颜色。如果需要对某些颜色进行重复使用，你也可以将这些颜色创建为"Color Style"（颜色样式）。

你还可以通过"Selection Colors"（选择颜色）快速调整多个对象的颜色。

下面对颜色的配置、查看和调整，以及颜色吸取工具进行讲解。

2.5.1　配置颜色

Figma 提供了 Hex、RGB、CSS、HSL 和 HSB 5 种颜色模式。

切换不同颜色模式可以方便我们编辑并获取对应模式的颜色，而不会改变颜色的样式，如图 2-82 所示。

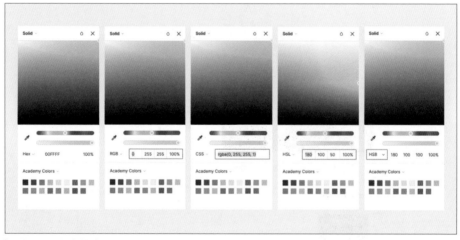

| 图2-82　颜色模式

Hex：十六进制的颜色，常用在网页中。

RGB：三原色光模式，通过红（R）、绿（G）、蓝（B）3 个颜色通道的变化及它们之间的叠加来得到各式各样的颜色。

CSS：一种网页开发中常用的颜色模式，设计师可以将该模式下的颜色代码复制给前端开发人员。

HSL：该模式会将 RGB 颜色模式中的点放在圆柱坐标系中，HSL 即色相、饱和度、亮度。

HSB：HSB 即色度、饱和度、亮度，该模式将颜色的 3 个属性进行量化，色度用角度（0°~360°）表示，饱和度和亮度用百分比值（0%~100%）表示。

在 Figma 的客户端中可以改变颜色的配置文件，在使用网页进行设计时不可以更改配置文件。不论什么类型的颜色配置文件，在 Figma 中导出时都会默认使用 sRGB 作为颜色模式进行输出。

在颜色选择器中查看颜色模式

在"Color Picker"（颜色选择器）中，我们可以查看和调整颜色。

选择一个对象后，单击右侧的"Fill"（填充）或"Stroke"（边框）下的色块可打开颜色选择器。

在色相和不透明度滑块的下方可以看到当前颜色的颜色模式与对应的色值。

打开颜色模式下拉菜单可以切换颜色模式，如图 2-83 所示。

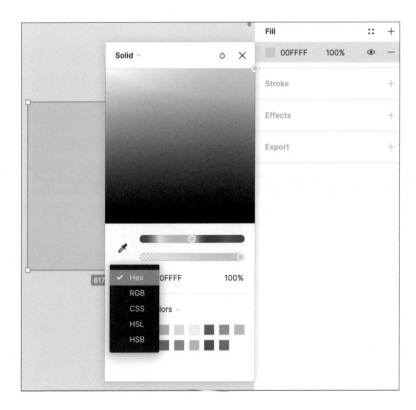

图2-83 切换颜色模式

2.5.2 查看和调整颜色

在颜色选择器中可以查看和调整单个对象的颜色，如果选择的是画框或组，也可以在"Selection Colors"（**颜色选择**）中调整其子对象的颜色属性。

Figma 中的颜色分为"**Color Styles**"（**颜色样式**）和"**Paints**"（**涂料**）两种，涂料

是暂未保存为**"颜色样式"**中的纯色或渐变色。

不论是颜色样式还是涂料，在颜色选择中都只会出现一次，如图2-84 所示。

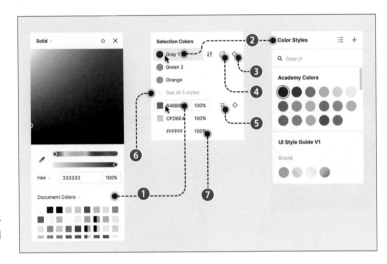

图2-84 查看和
选择颜色

① 单击"Selection Colors"（**颜色选择**）中推荐的涂料颜色可打开颜色选择器，可在颜色选择器中直接对颜色进行调整。

② 打开"Color Styles"（**颜色模式**）中的颜色样式列表，可从**当前文件创建的颜色样式**和**已启用的资源库**中选择颜色。

③ 单击⊡按钮，将会选择所有应用了该颜色的图层。

④ 单击⊠按钮，可将颜色样式分离为涂料。

⑤ 单击⊞按钮，可打开样式选择器，将涂料颜色保存为颜色样式，或创建颜色样式。

⑥ 单击该位置可以展开隐藏的其他颜色。

⑦ 快速调整颜色的不透明度。

2.5.3　颜色吸取工具

使用颜色吸取工具可以从文件中的任何对象上吸取颜色，可以用它进行查看对象色值、将吸取的颜色应用于所选对象、将吸取的颜色保存为颜色样式等操作。

颜色吸取工具的使用方法如下。

◈ 步骤01 选择要改变颜色的对象。

◈ 步骤02 单击属性面板中要改变颜色的对象的"Fill"（**填充**）或"Stroke"（**边框**）属性。

◈ 步骤03 单击属性面板中的色块打开颜色选择器。

❖ 步骤04 单击🖊按钮或按"I"键进入颜色吸取模式。

❖ 步骤05 在颜色吸取模式下鼠标指针会变为🖊。将鼠标指针悬停在需要吸取颜色的对象上，右上角的放大镜窗口中将会实时显示鼠标指针悬停处的颜色及其十六进制颜色代码，如图 2-85 所示。

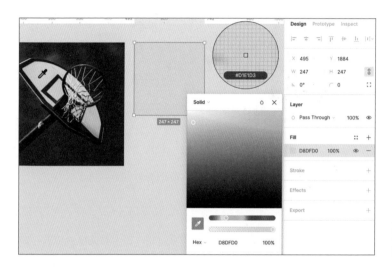

图2-85 颜色吸取工具

❖ 步骤06 单击即可将吸取的颜色应用于所选对象，按"Esc"键可退出颜色吸取模式。

2.6 文本

文本是设计中比较重要的部分，它可以提升设计的可读性。

文本的布局、排版、内容和字体都会影响其传达信息的效果。

虽然浏览器和操作系统呈现文字的方式不太一样，但在各种浏览器和操作系统中打开的 Figma 文本都会保持一致。

2.6.1 文本属性

本小节将介绍如何对文本的大小、字体、间距和对齐等属性进行调整。

❖ 步骤01 单击工具栏中的Ⓣ按钮启用文本工具，快捷键为"T"。

❖ 步骤02 单击画布，可输入任意文本，输入完成后单击画布的其他区域可退出编辑模式。

❖ 步骤03 选中输入的文本，可在页面右侧的"Text"（文本）中修改文本样式，如图 2-86 所示。

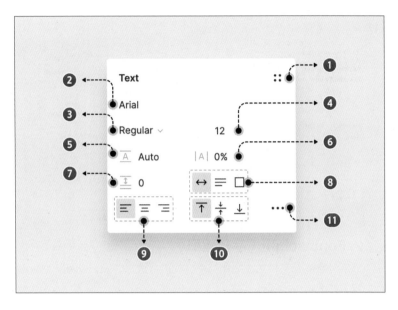

如需对当前文本样式进行重复使用，可以单击⊞按钮将当前文本创建为"Text Styles"（文本样式），文本样式将会在3.1.2小节中进行说明。

① 设置字体样式。

②Font family（字体家族）：单击可展开字体列表以便切换字体。

③Font weight（字体粗细）：可控制文本字体的粗细。

④Font size（字体大小）：可控制文本字体的大小。

⑤Line height（行高）：可调整文本的上下间距。

⑥Letter spacing（字间距）：可改变字母或文字之间的距离。

⑦Paragraph spacing（段落间距）：可调整段落之间的距离。

⑧Resizing（调整大小）：分别为自动宽度、自动高度和固定大小。

⑨Horizontal alignment（水平对齐）：可调整为左对齐、水平居中对齐和右对齐。

⑩Vertical alignment（垂直对齐）：可调整为顶部对齐、垂直居中对齐和底部对齐。

⑪Type Details（字体详情）：单击⊡按钮可打开"Type Details"（字体详情）面板，查看并修改更多字体设置。

1. Font family（字体家族）

Font family（字体家族）中的所有字母或汉字都有相似的设计特征，可以在文本属性面板中单击字体名称，然后在字体列表中选择一款字体进行使用。

例如，Figma的默认字体Roboto或设计师常用的黑体、微软雅黑、Helvetica Neue、Arial和Apple SD Gothic Neo等都是不同的字体。字体也有风格的区分，可根据品牌调性选择合适的字体，如图2-87所示。

图2-87　不同字体

2. Font weight（字体粗细）

大部分字体都支持对粗细和特殊样式进行选择，如 Helvetica Neue 的字体就有 14 种选择，如图 2-88 所示。

图2-88　Helvetica Neue字体

单击字体名称下方的字段可选择字体的粗细和样式。

如果只是更改字体的粗细，可以使用以下快捷键。

macOS　按住 Option+Cmd 快捷键并按 ">"（变粗）或 "<"（变细）

Windows　按住 Alt+Ctrl 快捷键并按 ">"（变粗）或 "<"（变细）

3. Font size（字体大小）

修改字体旁边的数字可以改变字体的大小，也可使用如下快捷键。

macOS　按住 Shift+Cmd 快捷键并按 ">"（增大）或 "<"（减小）

Windows　按住 Shift+Ctrl 快捷键并按 ">"（增大）或 "<"（减小）

4. Line height（行高）

行高用于调整文本的上下间距，将行高调整到合适的状态可提升文本的可读性。

调整图标▤右侧的数字可更改行高，快捷键如下。

`macOS` 按住 Shift+Option 快捷键并按"＞"（增加）或"＜"（减少）

`Windows` 按住 Shift+Alt 快捷键并按"＞"（增加）或"＜"（减少）

Figma的行高输入框支持输入以像素（px）为单位的数字和字体大小的百分比值（%）。例如：字体大小是 12px 时，输入 150% 则为 1.5 倍行高。

行高默认为 Auto（自动），系统会根据不同字体来调整行高。手动设置后，在下次创建文本时将会应用最后一次设置的字体、大小和行高等属性。

5. Letter spacing（字间距）

字间距可改变字母或文字之间的距离，字间距会影响文本阅读的难易程度。

调整图标▥右侧的数字可更改字间距，快捷键如下。

`macOS` 按住 Option 键并按"＞"（增大）或"＜"（减小）

`Windows` 按住 Alt 键并按"＞"（增大）或"＜"（减小）

6. Paragraph spacing（段落间距）

调整段落间距可增加或减少段落之间的空白。合理控制空白可以吸引用户的注意力，提高文本的可读性。

调整图标▤右侧的数字可更改段落间距。

7. Resizing（调整大小）

调整该属性可以调整输入框中内容的伸缩方式，共有 3 种方式。

▣ Auto Width（**自动宽度**）：输入框的宽度随着文本的增加而自动变宽，需按"Enter"键换行。

▣ Auto Height（**自动高度**）：把超出输入框原始宽度的文字显示到下一行，输入框的高度将会随着内容的增加而增大。

▣ Fixed Size（**固定大小**）：不论文字有多少，输入框的宽度和高度都不会改变，超出输入框的文本也会显示出来，但其位置和大小跟随输入框变化。

8. Horizontal alignment（水平对齐）

可设置文本如何沿 x 轴（**水平**）方向对齐，共有 4 种对齐方式。

▤ Text Align Left（**左对齐**）。

▤ Text Align Center（**水平居中对齐**）。

▤ Text Align Right（**右对齐**）。

☰ Text Align Justified（**两端对齐**），需要在 Type Details panel（字体详情）中进行设置。

9. Vertical alignment（**垂直对齐**）

可设置文本在输入框内如何沿 y **轴**（**垂直**）方向对齐，共 3 种对齐方式。

⊤ Align Top（顶部对齐）。

⊞ Align Middle（垂直居中对齐）。

⊥ Align Bottom（底部对齐）。

10. Type Details（**字体详情**）

字体详情在设计中不常用，了解即可。

我们在字体详情面板中可以调整文本的更多属性，还可以用它来调整部分字体的 Open Type 功能。

单击"Text"（**文本**）右下角的⋯按钮，打开字体详情面板。

下面对 Roboto 字体的详情进行说明，由于图片太长所以将字体详情面板的截屏图片进行了分段，如图 2-89 所示。

图2-89 Roboto字体的详情

① Preview（**预览**）：将鼠标指针移到下方的各种属性上，可以预览对应的文本样式。

②Alignment（**对齐**）：调整文本的水平对齐方式，此处可调整 Text Align Justified（两端对齐）。

③Decoration（**文本修饰**）：可为文本添加下划线和删除线。

④Paragraph Indent（**段落缩进**）：可以让第一行文本向右缩进，和 Word 中的首行缩进功能类似。

⑤Letter Case（**字母大小写**）：可以控制所选文本的大小写，不用重新录入字母就能调整字母的显示方式。

⑥Numbers（**数字**）：可以调整数字的格式，不同字体的数字支持的调整格式不同，常见的格式有不等高数字、上标、下标和分数等。

⑦Letterforms（**字母形式**）：其中的连字形式较为常见。

⑧Stylistic Sets（**风格设置**）：部分字母会有多种风格，所选字体支持的风格将会在此处显示。

⑨Horizontal Spacing（**水平间距**）：部分字体支持紧缩型。

⑩More Features（**更多功能**）：该字体支持的其他 Open Type 功能，如分数分母、分数分子等。

2.6.2　美化文本

除了基本的文本属性外，你还可以为文本添加填充、边框、内外阴影和模糊效果。

1. Fill（**填充**）

填充可以调整文本颜色，将渐变色或图片肌理填充到文本中。

◈ 步骤01　选中要改变颜色的文本。

◈ 步骤02　单击"Fill"（**填充**）下方的色块打开颜色选择器。

◈ 步骤03　使用颜色选择器中的纯色、渐变、颜色吸取工具或直接输入特定的颜色代码调整颜色，如图 2-90 所示。

图2-90　调整文本颜色

2. Stroke（边框）

边框可以给文本添加描边。

◈ 步骤01 选中要添加描边的文本。

◈ 步骤02 单击"Stroke"（**描边**）右侧的⊞按钮，Figma 将会默认给文本添加宽度为 1px 的黑色边框线。

◈ 步骤03 调整边框属性并修改描边的效果。

3. Effects（效果）

效果用于给文本添加投影、模糊等。

◈ 步骤01 选中要添加效果的文本。

◈ 步骤02 单击"Effects"（**效果**）右侧的⊞按钮。

◈ 步骤03 Figma 会默认给文本添加一个黑色阴影，单击▦按钮可以调整所添加效果的属性。

◈ 步骤04 如果要切换成其他效果，可以单击"Drop Shadow"（**阴影**）右侧的下拉按钮□进行切换，如图 2-91 所示。

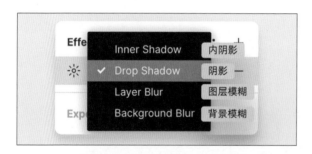

图2-91 切换效果类型

2.6.3 给文本添加链接、项目符号、图标字体

直接在 Figma 中添加类似 Word 文档中的链接、项目符号可方便我们快速创建功能与效果齐全的页面。

1. 给文本添加链接

在 Figma 中给文本添加链接，可以将外部的产品文档、与管理项目相关的链接直接存储在 Figma 文本中。

（1）添加链接

◈ 步骤01 选中要添加链接的文本。

◈ 步骤02 单击导航栏中的⬚按钮打开链接添加窗口，快捷键如下。

macOS Cmd+K　　Windows Ctrl+K

❖ 步骤03　输入或粘贴要添加的链接，如图 2-92 所示。

图2-92　给文本添加链接

Figma 会给新添加链接的文本添加下划线，可以在右侧的"**Text**"中将下划线删除，也可以使用以下快捷键。

macOS　Cmd+U　　　　Windows　Ctrl+U

（2）访问、修改和删除链接

将鼠标指针移到带有链接的文本上，文本将会出现淡蓝色背景。

单击带有链接的文本，将会出现链接弹窗，如图 2-93 所示。

图2-93　单击文本链接

访问链接：单击出现的网址将会在浏览器中打开该网址对应的网页。

修改链接：单击"**Edit**"（**编辑**），即可编辑当前链接，如图 2-94 所示。

图2-94　编辑链接

删除链接：在链接编辑状态下，单击🔗按钮可删除文本的链接。

2. 给文本添加项目符号

项目符号常用在文本的排版中，在 Figma 中需要在已经创建的文本图层中为文本添加项目符号。

[◈ 步骤01] 单击工具栏中的"Text"（文本）创建文本图层，或按"T"键创建文本图层。

[◈ 步骤02] 拖动文本边框使文本图层的大小固定。

[◈ 步骤03] 在文本图层中添加项目符号，快捷键如下。

[macOS] Cmd+Shift+8　　　　[Windows] Ctrl+Shift+8

[◈ 步骤04] 可根据需要将文本复制几份，如图 2-95 所示。

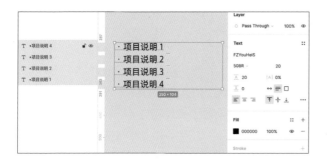

图2-95　添加项目符号

为了方便重复使用，可以将带有项目符号的多个文本图层创建为组件，组件的创建将会在第 3 章中进行详细说明。

3. 图标字体

图标字体可以将图标像输入文字那样直接放入输入框中，在 Web 开发中图标字体可以直接使用 CSS 属性输入。

Figma 默认已添加了"Font Awesome"平台的图标字体，可以免费使用现有的1600多个图标或购买该平台中的更多付费图标。

Font Awesome 图标库中的图标都有"Regular"（线性）和"Solid"（填充）两种类型，可以在 Figma 的字体宽度中进行切换，如图 2-96 所示。

图2-96　Font Awesome图标类型

⟨❖ 步骤01⟩ 打开"Font Awesome"官网，选择"Cheatsheet"图标库。

⟨❖ 步骤02⟩ 单击顶部的"Solid"或"Regular"可以切换预览**填充**和**线性**类型的图标，如图 2-97 所示。

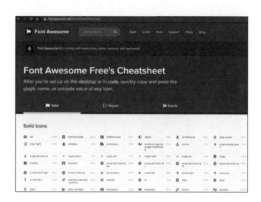

图2-97　预览图标

⟨❖ 步骤03⟩ 用鼠标右键单击要使用的图标，选择"复制"，如图 2-98 所示。

⟨❖ 步骤04⟩ 在 Figma 中创建文本图层并将其选中。

⟨❖ 步骤05⟩ 单击"Text"文本下方的下拉按钮⊡，在下拉菜单中选择"Font Awesome 5 Free"字体，如图 2-99 所示。

| 图2-98　复制图标

| 图2-99　切换字体

⟨❖ 步骤06⟩ 将刚刚复制的图标粘贴到输入框中，也可以使用以下快捷键。

macOS Cmd+V　　　Windows Ctrl+V

⟨❖ 步骤07⟩ 图标将会显示在输入框中，如图 2-100 所示。

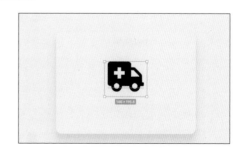

图2-100　输入图标

2.6.4　启用本地字体

Figma 可以直接使用 Google Web Fonts 中的字体，如果要想使用系统中的字体，则需要安装"Figma Font Installers"（Figma 字体应用程序）。

字体应用程序可以在 Figma 官网中下载，如图 2-101 所示。

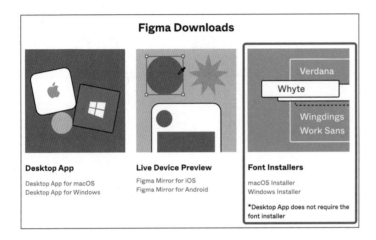

图2-101　下载字体应用程序

Figma 字体应用程序安装完成后，重启 Figma 后字体列表下方将会出现本地字库的名称。

2.6.5　管理缺少的字体

当打开的 Figma 文件中有系统和 Google Web Fonts 中没有的字体时，Figma 文件右上角将会出现缺少字体的警告，如图 2-102 所示。

图2-102　缺少字体警告

我们可以将缺少的字体统一替换为当前 Figma 中已有的字体。

替换缺少的字体的方法如下。

❖ 步骤01 单击工具栏中出现的 A? 按钮，如图 2-102 所示。

> ❖ **步骤02** Figma 将会展示出缺少的每种字体和所有样式，如图 2-103 所示。

图2-103　缺少的字体和样式

> ❖ **步骤03** 单击字体和样式的名称，将显示可用的替换字体。

> ❖ **步骤04** 依次替换字体后单击"Replace Fonts"按钮，文件中的缺少字体将会替换为所选字体。

2.6.6　将文本转换为矢量路径

任何文本都可以转换为矢量路径。

文本转换为矢量路径后，将不能编辑文本及其属性，但可以在矢量编辑模式下调整文本路径。

将文本转换为矢量路径常被用于设计文字类型的商标中，对文本进行二次设计，使文本风格更贴合页面里的其他对象；还可以将文本路径和多个路径拼合在一个路径中。

Figma 中将文本转换为矢量路径操作对应的按钮名为"Flatten"（**拼合**）。

1. 拼合文本

> ❖ **步骤01** 选择要转换为矢量路径的文本。

> ❖ **步骤02** 用鼠标右键单击该文本图层，选择"Flatten"（**拼合**），如图 2-104 所示。

图2-104　拼合

也可以使用以下快捷键。

macOS　Cmd+E　　　　Windows　Ctrl+E

◈ 步骤03 文本图层将会拼合成矢量图层，图层左侧的图标将会变为Ⓐ，如图 2-105 所示。

◈ 步骤04 双击该图层可进入"Edit Object"（编辑对象）模式，如图 2-106 所示。

图2-105　拼合后的图形

图2-106　编辑对象模式

2. 边框轮廓化

Figma 可以对矢量图形的边框再次进行轮廓化，方便制作描边图形。

◈ 步骤01 给矢量对象添加描边，如图 2-107 所示。

◈ 步骤02 用鼠标右键单击该矢量图层，选择"Outline Stroke"（边框轮廓化），如图 2-108 所示。

图2-107　给矢量对象添加描边

图2-108　边框轮廓化

也可以使用如下快捷键。

macOS　Shift+Cmd+O　　　　Windows　Shift+Ctrl+O

◈ 步骤03 边框轮廓化后将得到边框的矢量图层，如图 2-109 所示。

图2-109　边框轮廓化后的效果

2.7 图片

在 Figma 中添加图片属于填充的一种方式。

Figma 支持的图片格式有 PNG、JPEG、GIF 和 WEBP。

2.7.1 添加图片

Figma 中有两种添加图片的方式。

1. 放置图片

❀ 步骤01 单击工具栏中矩形工具右侧的 ■ 按钮，在工具列表中选择"**Place Image**"（**放置图片**）工具，如图 2-110 所示。

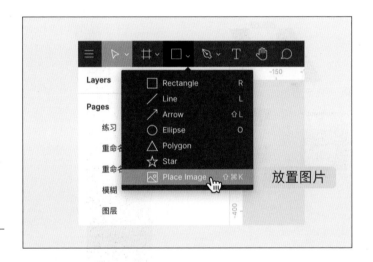

图2-110 放置图片

快捷键如下。

| macOS | Shift+Cmd+K | | Windows | Shift+Ctrl+K |

❀ 步骤02 在弹出的窗口中选择要添加的图片。

❀ 步骤03 也可以直接将本地图片拖动到 Figma 中。

放置图片到 Figma 后，图层名称左侧的图标会变为 ▣。

2. 填充图片

可以将图片填充到所选对象中，所选对象可以是矢量图形、画框和文本。

❀ 步骤01 选中要填充图片的对象。

❀ 步骤02 单击"Fill"（填充）下的色块，在打开的填充选择器中选择"Image"（图片），如图 2-111 所示。

图2-111 填充图片

步骤03 填充选择器将会变为图片填充设置面板,在此可以对填充的图片进行优化处理,如图 2-112 所示。

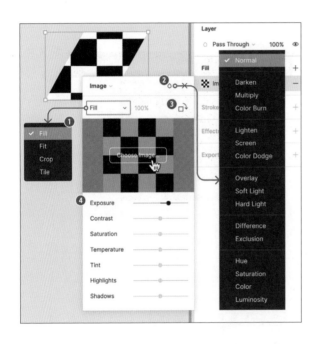

图2-112 填充图片设置

① 填充方式:Fill(填充)、Fit(适应)、Crop(裁剪)、Tile(平铺)。

② 修改图片的混合模式:详见 2.4.6 小节。

③ 将图片顺时针旋转 90°。

④ 调整图片的属性:Exposure(曝光)、Contrast(对比度)、Saturation(饱和度)、Temperature(白平衡)、Tint(着色)、Highlights(高光)、Shadows(阴影),详细内容将会在 2.7.5 小节中进行说明。

步骤04 单击"Choose Image"(选择图片),即可将图片添加到所选对象中,填充图片后的效果如图 2-113 所示。

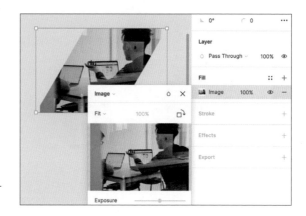

图2-113　填充图片后的效果

2.7.2　将GIF图片添加到原型

Figma 支持将 GIF 图片添加到设计中，这类图片在编辑器模式下是静态的，可在 **Present（演示）模式**下查看动态图片。

添加 GIF 图片的方法和添加静态图片的方法一样，可通过**放置图片**和**填充图片**的方式添加。

编辑GIF图片

和调整静态图片类似，在 Figma 中你可以对 GIF 图片进行如下操作。

① 缩放、旋转 GIF 图片，以及修改 GIF 图片的尺寸。

② 调整 GIF 图片的不透明度、填充模式。

③ 调整其混合模式。

④ 使用蒙版工具展示部分 GIF 图片。

⑤ 将多个 GIF 图片叠加使用。

⑥ 在 Figma Mirror App 或 "Present"（演示）模式下查看 GIF 图片。

推荐在 LottieFiles 平台学习动态图片的设计方法。

> **注意：** 从 Figma 中导出 GIF 图片时，导出的图片将变为静态图片。

2.7.3　批量添加图片

使用 "Place Image"（放置图片）工具可以批量导入图片，而且可以将图片直接放置在对象上作为填充图片。

将图片批量放置到Figma中

◈ 步骤01 单击工具栏中矩形工具右侧的◢按钮，在工具列表中选择 "Place Image"（放置图片）工具。

❖ 步骤02 选择本地的多张图片后单击"打开"按钮,如图 2-114 所示。

图2-114 选择多张图片

❖ 步骤03 此时将显示所放置的预览图片及其数量,如图 2-115 所示。

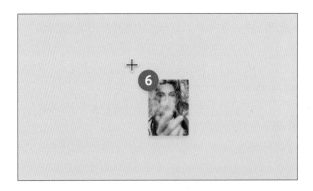

图2-115 放置图片

❖ 步骤04 依次单击要填充图片的对象(可以是画框、矢量形状、文本等),将图片填充到对象上,如图 2-116 所示。

图2-116 填充图片到对象上

❖ 步骤05 如果不想将图片填充到对象上,可以在选择图片后单击 Figma 画布的空白区域,图片将会按默认大小导入 Figma 中。

◈ 步骤06 在批量选择图片后，单击左上方出现的"Place All"按钮，可将所有图片放置到 Figma 中，如图 2-117 所示。

图2-117 全部放置

在放置图片模式下，按"Esc"键可以退出该模式。

2.7.4 裁剪图片

Figma 默认会将图片填充到对象上。

如果需要裁剪图片，则需要将图片的填充模式改为"Crop"（裁剪）。

◈ 步骤01 选择要裁剪的图片。

◈ 步骤02 在"Fill"（填充）中单击图片的缩略图打开"Image"面板。

◈ 步骤03 单击左上角的"Image"（图片），在打开的下拉菜单中选择"Crop"（裁剪），如图 2-118 所示。

◈ 步骤04 图片周围将会出现 8 个可以移动的蓝色手柄，可以根据自己的需要对图片进行裁剪，如图 2-119 所示。

图2-118 修改图片的填充模式

图2-119 裁剪图片

调整完成后，按"Esc"键退出裁剪模式。

2.7.5 调整图片属性

选择图片后，可以在右侧的"Fill"（填充）面板中调整图片的属性，如图 2-120 所示。

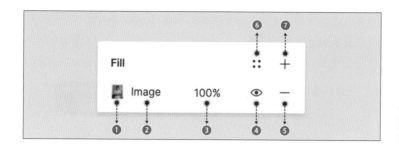

图2-120 图片
的属性

① 填充图片的缩略图，单击可以打开"**Image**"**面板**。

② 静态图片的名称将会显示为"**Image**"，如果是动态图片则会显示为"**GIF**"。

③ 可根据百分比来调整图片的不透明度，默认为 100%。

④ 单击 ⊙ 按钮，可切换图片的可见性。

⑤ 单击 ⊟ 按钮，可删除对象中已填充的图片。

⑥ 单击 ⊞ 按钮，可应用已创建的样式组件或创建新的填充样式。

⑦ 单击 ⊞ 按钮，可叠加新的填充图层。

1. 填充模式

为方便我们填充不同尺寸的图片，图片的填充模式共有以下 4 种。

Fill（**填充**）：通过拉伸和定位图片，将图片填充满要应用的整个区域；如果图片和对象形状不同，可以裁剪图片后再将其填充到对象上。

Fit（**适应**）：图片位置为居中，其宽度和对象一致，其高度根据宽度变化而自适应变化。

Crop（**裁剪**）：可自定义图片的显示区域，类似于遮罩蒙版。

Tile（**平铺**）：在填充对象内重复创建原始图片，并使其完全填充满对象，可以通过调整百分比值或拖动图片周围的蓝色手柄来改变图片的填充比例，如图 2-121 所示。

图2-121 平铺
图片

2. 旋转图片

单击"Image"中的旋转按钮⊡，可以在不改变对象旋转角度的情况下将填充的图片顺时针旋转 90°，可以根据自己的需要单击多次。

3. 调整图片类型

"Image"下方共提供了 7 种调整图片的方式，如图 2-122 所示。

图2-122　调整方式

（1）Exposure（曝光）

一般指到达相机传感器的光量，可以通过减少曝光来创建较暗的图片或增加曝光来创建光线充足的图片，如图 2-123 所示。

图2-123　Exposure（曝光）

（2）Contrast（对比度）

对比度是画面中黑色与白色的对比程度，也就是从黑色到白色渐变的层次，值越大从黑色到白色渐变的层次就越多，画面色彩越丰富。调整对比度可创建更亮的高光或更暗的阴影，如图 2-124 所示。

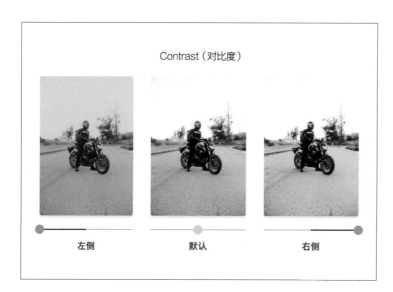

图2-124　Contrast（对比度）

（3）Saturation（饱和度）

饱和度指色彩的纯度，也叫彩度，是色彩的"三大属性"之一。

可以通过完全降低饱和度来创建黑白图片或提高饱和度来创建色彩感强烈、颜色鲜艳的图片，如图 2-125 所示。

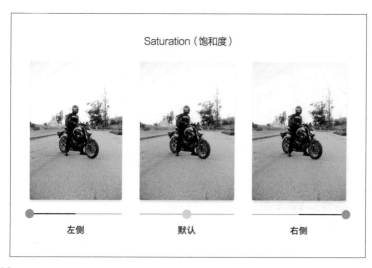

图2-125　Saturation（饱和度）

（4）Temperature（色温）

色温可以调整图片的冷暖趋向，色温偏冷的图片会偏蓝，色温偏暖的图片会偏黄，如图 2-126 所示。

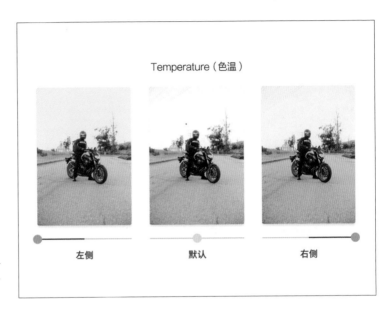

图2-126 Tem-perature（色温）

（5）Tint（着色）

可以用着色来调整图片的颜色，向左滑动对应滑块图片会偏绿，向右滑动对应滑块图片会偏红，如图 2-127 所示。

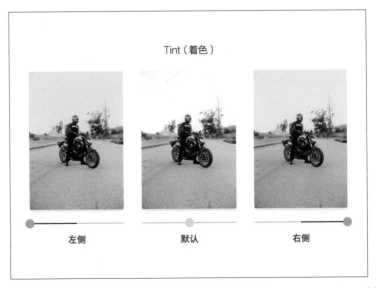

图2-127 Tint（着色）

（6）Highlights（高光）

高光用于调整图片高光的亮度，向左滑动对应滑块可降低高光的亮度，向右滑动对应滑块可使高光更亮，如图 2-128 所示。

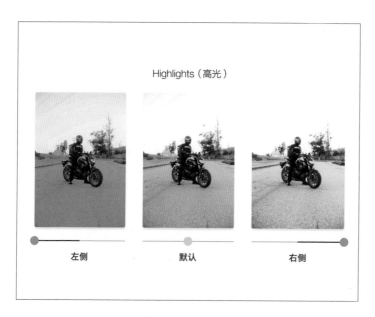

图2-128 Highlights（高光）

（7）Shadows（阴影）

阴影用于调整图片中较暗的区域，向左滑动对应滑块可创建更暗的阴影，向右滑动对应滑块可使阴影变亮，如图 2-129 所示。

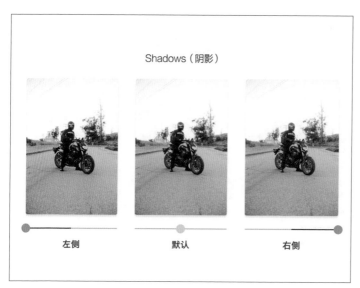

图2-129 Shadows（阴影）

2.8　排版

Figma 拥有强大的排版功能，如调整图层的上下顺序、测量对象之间的距离、使用智能选择排列对象和使用自动布局创建动态框架等。

2.8.1　选择图层或对象

在调整图层或对象时，我们需要先选择要调整的图层或对象。可以选择单个图层或对象进行调整，也可以选择多个图层或对象同时调整它们的颜色或尺寸。

1. 选择单个图层或对象

在画布或图层面板中选择对象或图层，对象或图层的四周会出现可调整大小的手柄，如图 2-130 所示。

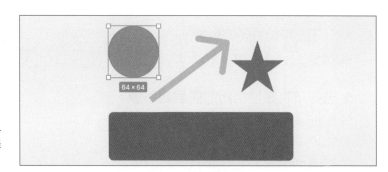

图2-130　选择
单个图层或对象

2. 选择嵌套图层或对象

进行复杂设计时，往往会给多个对象创建框架或组。

Figma 将嵌套的对象称为子级对象，将嵌套的框架或组称为父级对象，可在 2.8.7 小节中对其进行学习。

单击框架或组时，系统默认选择父级对象。

双击父级对象可选择下一级嵌套对象，重复此过程直到选择最里层的子级对象。

3. 选择跨层深度

如果嵌套的层级特别多，可以通过选择跨层深度来选择子级对象，快捷键如下。

macOS　按住 Cmd 键并单击嵌套的图层或对象

Windows　按住 Ctrl 键并单击嵌套的图层或对象

4. 选择多个图层或对象

当我们批量调整对象的大小、颜色、位置和阴影或将多个对象创建为一个框架、组或组件时，需要一次性选择多个图层或对象。

> 步骤01 单击画布中的空白部分。

> 步骤02 按住鼠标左键框选要选择的对象，如图 2-131 所示。

图2-131　框选多个对象

若要选择嵌套对象中的子级对象，需要按住以下快捷键再进行框选。

macOS　按住 Cmd 键再进行框选　　　　Windows　按住 Ctrl 键再进行框选

5. 选择所有属性相同的图层或对象

如果当前画布的不同位置有多个圆形，要选中所有的圆形就可以使用 Figma 的选择相同属性图层功能。

要全选属性相同的对象，需要进行如下操作。

> 步骤01 在图层中选择一个圆形（也可以是其他要全选的对象）。

> 步骤02 单击▤按钮，选择"Edit"（编辑）>"Select All with Same Properties"（选择全部相同属性），如图 2-132 所示。

图2-132　选择全部相同属性

◈ 步骤03 也可以全选具有相同属性的其他图层。

Properties（属性）。　　　　　Effect（效果）。

Fill（填充）。　　　　　　　　Text Properties（文本属性）。

Stroke（边框）。　　　　　　　Font（字体）。

如果只是全选当前画布中的所有对象，可以使用以下快捷键。

macOS　Cmd+A　　　　Windows　Ctrl+A

6. 取消和反选

要取消所有选择，在选择了对象的状态下按"Esc"键即可。

如果需选择当前未选择的所有对象（反选），可以使用以下快捷键。

macOS　按住Cmd+Shift 快捷键后按A键

Windows　按住Ctrl+Shift 快捷键后按A键

2.8.2　利用图层顺序调整图层的纵向位置

图层面板会显示当前设计页面中所有元素的层级关系。在图层面板中调整对象的顺序会影响该层的纵向位置（z-index）。

将图层向上移动，可以向前移动其中的对象；如果需要向后移动对象，可以将图层向下移动。

可在图层中将对象移动到画布的前面或背面，甚至可以将子级对象移动到另一个组或画框中。

在图层面板中调整图层纵向位置时不会影响它在画布上的位置。

1. 快捷键移动

选中要移动的图层，使用以下快捷键即可调整图层的位置。

（1）上移一层

macOS　Cmd+]　　　　Windows　Ctrl+]

（2）移到顶层

macOS　Cmd + Option+]　　　　Windows　Ctrl+Shift+]

（3）下移一层

macOS　Cmd+ [　　　　Windows　Ctrl+ [

（4）移到底层

macOS　Cmd+Option+ [　　　　Windows　Ctrl+Shift+ [

2. 从右键菜单中进行调整

❀ 步骤01 选择要调整的图层。

❀ 步骤02 用鼠标右键单击图层，打开菜单。

❀ 步骤03 可选择上移一层、移到顶层、下移一层、移到底层，如图 2-133 所示。

图2-133 移动图层

3. 从图层面板中调整

在图层面板中上下拖动所选图层也可调整图层的位置，在移动图层的过程中，可以使用以下快捷键来撤销移动。

macOS Cmd+Z   Windows Ctrl+Z

2.8.3 对齐

属性面板的顶部为调整对象对齐方式的模块，如图 2-134 所示。

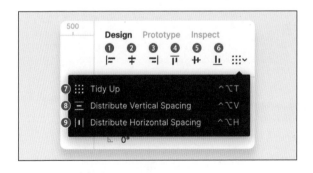

图2-134 对齐方式模块

①Align Left（左对齐）。

②Align Horizontal Centers（水平居中对齐）。

③Align Right（右对齐）。

④Align Top（顶部对齐）。

⑤Align Vertical Centers（垂直居中对齐）。

⑥Align Bottom（底部对齐）。

⑦Tidy Up（整理）。

⑧Distribute Vertical Spacing（垂直平均分布）。

⑨Distribute Horizontal Spacing（水平平均分布）。

2.8.4　整理

整理是对齐方式模块中的特殊对齐方式，它可以快速将各个对象之间的距离变为相等的。

步骤01 选择需要整理的对象或图层。

步骤02 可以通过以下 3 种方法来整理图层。

① 单击对齐方式模块右侧的下拉按钮▦，在下拉菜单中选择"Tidy Up"（**整理**）。

② 将鼠标指针悬停在所选内容上，单击出现在方框右下角的整理按钮▦，如图 2-135 所示。

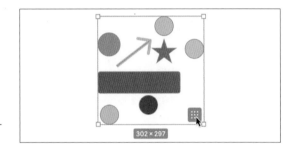

图2-135　整理

③ 也可以使用以下快捷键来进行整理。

macOS Ctrl+Option+T　　　**Windows** Ctrl+Alt+T

步骤03 所选对象将会在画布上重新排列，排列后的各个对象在 x 轴或 y 轴上的间距相等，如图 2-136 所示。

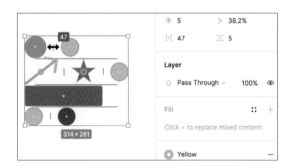

图2-136　整理后的效果

2.8.5　调整对象的位置和尺寸

选择一个对象后，在对齐方式模块下方会出现可以调整该对象的位置和尺寸的工具。可以更改选中对象的 x 轴坐标、y 轴坐标、宽度、高度、旋转角度和圆角半径等，如图 2-137 所示。

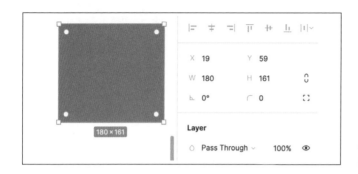

图2-137 调整对象

在选中对象后，你可以通过改动相关参数或拖动手柄进行对象尺寸的调整，也可以在输入框上通过拖动鼠标来调整对象的位置和尺寸。

1. 将鼠标指针放在输入框左侧的字母上，按住鼠标左键并左右拖动来调整对象的属性参数

⊗ 步骤01 在画布上选择要调整的对象。

⊗ 步骤02 将鼠标指针放在输入框左侧的字母上，鼠标指针会变为⊞。

⊗ 步骤03 按住鼠标左键并左右拖动，调整对象的属性参数。

也可以使用以下快捷键。

macOS 按住 Option 键后，鼠标指针放在数字上并进行拖动

Windows 按住 Alt 键后，鼠标指针放在数字上并进行拖动

由于 Figma 支持鼠标指针环绕，因此在拖动时鼠标指针移出屏幕也不用担心数值的增减会被打断。

此方法也可以应用在调整透明度、阴影或模糊等参数中。

2. 控制拖动速度

在拖动鼠标调整数值时，有时轻微移动也会让数值改变很多，我们可以通过上下拖动来提升或降低数值改变的速度。

⊗ 步骤01 在画布上选择一个矩形。

⊗ 步骤02 按住"Option"（Windows 为"Alt"）键，并将鼠标指针放在 x 轴的数字上以激活⊞图标。

⊗ 步骤03 按住鼠标左键并向下拖动鼠标，此时屏幕下方将会出现"Scrubbing at 1/2、1/4、1/8"等字样，意思是拖动速率为默认速率的 1/2、1/4、1/8。此时左右拖动会发现拖动的速度减慢且数值的变化也变慢了，如图 2-138 所示。

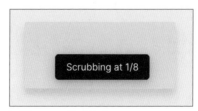

图2-138 拖动速率

步骤04 如果在数字上按住鼠标左键并向上拖动，则屏幕下方会出现"Scrubbing at 2X、4X、8X"等字样，表示拖动速率为默认速率的 2 倍、4 倍、8 倍。此时左右拖动鼠标会发现拖动速度和数值变化速度都成倍增加了。

3. 旋转物体

可以对单个对象、框架或组进行旋转操作。

步骤01 选中要旋转的对象。

步骤02 将鼠标指针移动到对象的手柄外围，鼠标指针将会变成⟲。

步骤03 按住鼠标左键并拖动即可旋转对象，如图 2-139 所示。

图2-139 旋转对象

也可以在属性面板的旋转输入框上拖动鼠标来调整旋转角度。

2.8.6 测量距离

可以在 Figma 中测量不同对象之间的距离，这些对象可以是矢量图形、文本、画框、组件和组等。

1. 测量对象之间的距离

步骤01 选择画布中的第一个对象。

步骤02 按住以下快捷键。

macOS 按住 Option 键　　Windows 按住 Alt 键

步骤03 将鼠标指针悬停在第二个对象上。

步骤04 此时两个对象之间会出现一条带数字的红线，数字的单位为 px。

2. 测量嵌套层之间的距离

如果目标对象在另一个画框或多个嵌套层内，可以进行如下操作。

步骤01 选择画布中的第一个对象。

步骤02 按住以下快捷键。

macOS Cmd+Option   Windows Ctrl+Alt

❈ 步骤03 将鼠标指针悬停在第二个对象上。

❈ 步骤04 此时两个对象之间将会出现一条带距离数字的红线。

如果你选择的对象是用钢笔工具创建的线条或文字，则测量的结果将会是它们间的范围距离。范围距离是指一个对象距另一个对象的边界框所形成的范围框的距离，如图 2-140 所示。

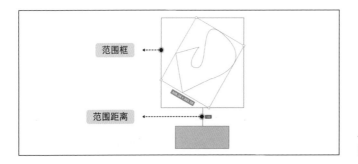

图2-140　范围距离

范围框并不在对象边缘上，此时可以用"Flatten"（**拼合**）**工具**将对象转为矢量图形再进行测量，快捷键如下。

macOS Cmd+E   Windows Ctrl+E

3. 测量矢量编辑模式下的锚点间的距离

❈ 步骤01 选择一个矢量对象。

❈ 步骤02 单击工具栏中的编辑对象按钮⊡。

❈ 步骤03 单击第一个锚点。

❈ 步骤04 按住以下快捷键。

macOS 按住 Option 键   Windows 按住 Alt 键

❈ 步骤05 将鼠标指针悬停到另一个锚点上。

❈ 步骤06 此时两个锚点之间将会出现一条带距离数字的红线。

❈ 步骤07 测完后按"Esc"键退出矢量编辑模式。

2.8.7　对象之间的关系

在 Figma 中可以用亲子和兄弟关系来描述对象之间的多层嵌套关系。在 Web 开发或编程中也有类似的命名规则。

父级对象：包含其他对象的对象，如画框、组件和组。

子级对象：包含在父级对象中的对象。

兄弟对象：包含在同一父级对象中的对象，如图 2-141 所示。

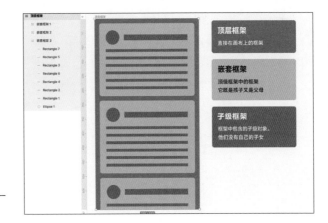

图2-141　框架的关系

这样命名只是为了解释容器的关系，父级是容器，子级属于内容，它们之间并没有继承的关系。

1. 通过改变父级对象来影响子级对象的属性

在大部分情况下，父级对象只是作为容器来承载子级对象，但如果父级对象具有下面这些属性，则将会影响到子级对象。

① 对画框创建了布局网格（Layout Grid）：创建网格到设计页面中。

② 使用了自动布局（Auto Layout）：这将会影响内容的响应规则，2.8.9 小节中将会详细介绍。

③ 对画框开启了剪辑内容（Clip content）：这将隐藏超出画框的所有对象。

给子级对象添加约束后，在调整父级对象大小时子级对象也将会进行响应。

2. 绕过父级对象移动对象

直接拖动对象时，如果经过其他包含子级对象的框架，则移动对象将会默认变为该框架的子级对象。

如果在移动对象时需要保留原先的层级，可在经过嵌套层时按住空格键并继续移动。

2.8.8　使用智能选择排列对象

智能选择可以对所选的多个对象的排列方式和距离进行快速整理。

如果所选对象中有些对象有一定的纵横关系，则系统会按照该纵横关系对这些对象进行整理。

如果设计的页面属于网格布局风格，则推荐使用智能选择来对其中的对象进行整理，如新闻目录、图片、时间轴或照片库等，它可以节省时间，让你更快地构建和排列对象。

即使所选对象并没有相同的大小和形状，也可以使用智能选择来对其进行整理。

在选择了多个对象后，Figma 会自动识别智能选择。

如果是智能选择，则你可以快速调整所选对象之间的距离和对象的大小，以及移动、复制和删除对象。

如果不是智能选择，则将鼠标指针移入所选区域，区域右下角将会出现自动整理按钮，单击该按钮后即可切换为智能选择，如图 2-142 所示。

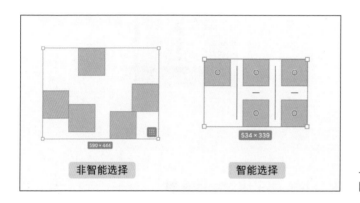

图2-142　智能选择

1. 调整对象之间的距离

将鼠标指针移到可进行智能选择的对象上时，对象之间会出现可调整间距的红线，拖动该红线即可快速调整对象之间的距离，如图 2-143 所示。

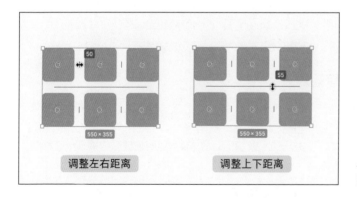

图2-143　调整距离

2. 调整对象之间的大小

在智能选择区域内，可在不改变对象之间的距离的情况下调整任意单个对象的大小。

在智能选择区域内单击对象中间的空心圆，可将该对象叫作标记对象。拖动该对象边框上的手柄可改变该对象的大小，如图 2-144 所示。

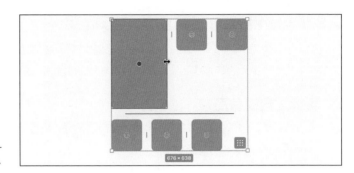

图2-144　调整对象大小

3. 移动对象

在智能选择区域内，可在不改变对象之间的距离的情况下移动任意对象的位置。

◈ 步骤01 在智能选择区域内单击要移动的对象中心的空心圆，空心圆将变为实心圆。

◈ 步骤02 如果要同时移动另一个对象，可按住"Shift"键并单击另一个对象中的空心圆。

◈ 步骤03 将对象拖动到智能选择区域中的另一个位置，在拖动的过程中目标位置将会出现淡蓝色的提示框，如图 2-145 所示。

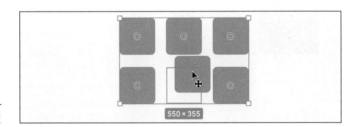

图2-145　调整对象位置

◈ 步骤04 确认目标位置后，松开鼠标即可。

4. 复制对象

在智能选择区域内，可在不改变对象之间的距离的情况下复制多个对象。

◈ 步骤01 在智能选择区域内单击要复制的对象中心的空心圆。

◈ 步骤02 使用以下快捷键复制对象。

macOS Cmd+D　　　　**Windows** Ctrl+D

◈ 步骤03 新复制的对象将会粘贴到原始对象的旁边，其他对象将会向右移动以容纳该对象。

删除对象的方法和复制对象的方法类似，在标记对象后按"Backspace"键或"Delete"键即可。

2.8.9 使用自动布局创建动态框架

我们可以使用自动布局（Auto Layout）创建根据内容自动响应的动态框架，如跟随文本变化自动改变大小的按钮、设计带有自动布局的页面和创建带有自动布局的组件。

1. 添加自动布局

可以给画框、组件、文本和矢量对象创建自动布局，操作步骤如下。

◈ 步骤01 选择要添加自动布局的对象。

◈ 步骤02 用鼠标右键单击对象，选择"Add Auto Layout"（**添加自动布局**），也可以单击"Auto Layout"右侧的⊞按钮，或按快捷键"Shift+A"，如图 2-146 所示。

图2-146　创建自动布局

◈ 步骤03 自动布局创建完成后，对象将会包含在自动布局中，"Auto Layout"下方将出现可调整的自动布局属性，如图 2-147 所示。

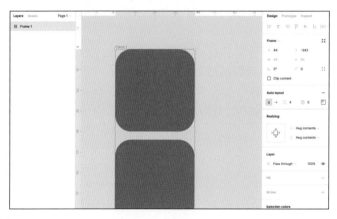

图2-147　自动布局属性

122

2. 自动布局画框和常规画框的区别

分别选择自动布局画框和常规画框，在属性面板中可以看到有些属性是不可更改的，如图2-148和图2-149所示。

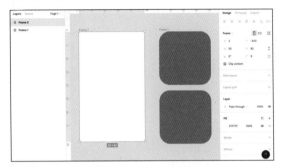

| 图2-148 常规画框

可以发现，在自动布局画框中不可以添加布局网格，不可以使用智能选择排列其中的对象，也不可以使用约束。

如果对象A在自动布局画框中，则自动布局为父级对象，对象A为子级对象。

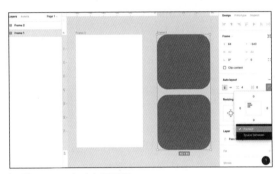

| 图2-149 自动布局画框

3. 自动布局属性

选择自动布局画框，"Auto Layout"的下方将出现可调整的自动布局属性，如图2-150所示。

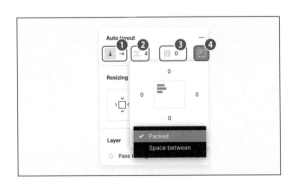

图2-150 自动布局属性

（1）方向

自动布局画框可以在其内部沿一个方向继续添加对象，只需选择"Vertical"（垂直）或"Horizontal"（水平）。

Vertical（**垂直**）：沿 y 轴方向添加、删除或排列对象，常用于创建列表、新闻或博客中的帖子。

Horizontal（**水平**）：沿 x 轴方向添加、删除或排列对象，常用于创建一排按钮、顶部导航栏、菜单栏中的图标与文字。

由于一个自动布局画框一次只可以沿一个方向构建对象，如果要双向构建对象，可以合并或嵌套两个不同方向上的框架。

（2）距离

该属性用于调整自动布局中对象之间的距离（Spacing Between Items），它会根据自动布局方向的变化而变化。

Horizontal Auto Layout（**水平自动布局**）：调整对象之间的水平距离。

Vertical Auto Layout（**垂直自动布局**）：调整对象之间的垂直距离。

自动布局的属性也可以通过复制和粘贴操作进行转移，快捷键如下。

macOS Cmd+Option+C 和 Cmd+Option+V

Windows Ctrl+Alt+C 和 Ctrl+Alt+V

（3）填充四周

"位置❸"可用于调整对象周围的空白区域，如果要分别设置对象四周的距离，可单击"位置❹"进行设置，如图 2-151 所示。

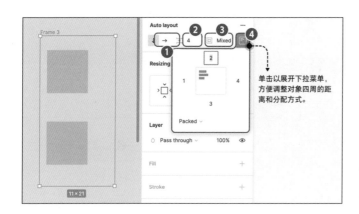

图2-151 调整对象四周的距离

（4）分配方式

分配可以控制自动布局画框中各个对象间的距离。

打开图 2-151 所示的"Packed"下拉菜单，可更改分配方式，有"Packed"（**组合分配**）和"Space Between"（**自动分配**）两种分配方式。

Packed（**组合分配**）：将对象按设置的距离排列在一起，支持 9 个方向的分布。

Space Between（**自动分配**）：对象之间的距离会根据自动布局外围的改变而变化，

设置后子级对象之间的距离变为"Auto"（**自动**），支持 3 个方向的分布，如图 2-152 所示。

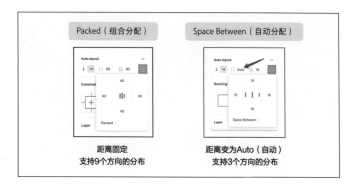

图2-152　分配方式

4. 调整大小

自动布局中的对象为子级对象，选择子级对象时，右侧属性面板中的对齐方式会发生一些改变，如图 2-153 所示。

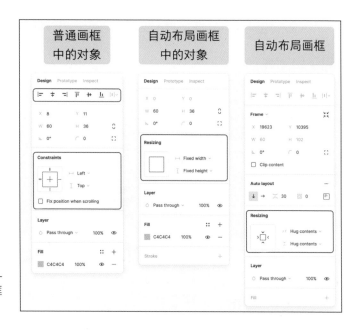

图2-153　自动布局画框和子级对象的属性

在自动布局画框中，设置"Resizing"（**调整大小**）可以控制父级对象或子级对象在改变大小时的响应方式。

Fill container（**填充容器**）：可拉伸对象以填满容器，它只能在自动布局画框中的子级对象上设置。

Hug contents（**拥抱内容**）：让父级对象适合子级对象的大小，常用在父级对象上。

Fixed（**固定**）：表示对象不会因父级对象或子级对象的改变而调整自身大小。

（1）位置

自动布局画框中的所有对象的 x 轴坐标和 y 轴坐标都是自适应的，不可调整。但可以调整它们的位置。选中自动布局后，单击属性面板顶部的箭头按钮或按方向键进行位置的调整。

在垂直自动布局中进行上下移动，在水平自动布局中进行左右移动，如图 2-154 所示。

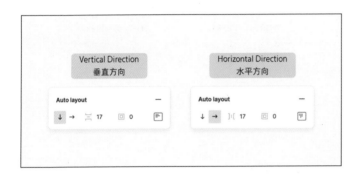

图2-154 调整自动布局中子级对象的顺序

（2）对齐

自动布局中的子级对象只可以沿着一个轴向进行对齐，如图 2-155 所示。

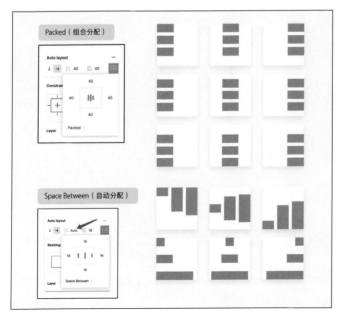

图2-155 自动布局中子级对象的对齐

5. 将对象添加到自动布局

我们可以将任意对象添加到已创建的自动布局画框中（创建为自动布局画框的组件除外）。

步骤01 创建自动布局画框和要拖入的对象，如图 2-156 所示。

图2-156 预先创建的画框和对象

步骤02 拖动对象到自动布局画框上，此时自动布局画框中的可插入位置将会出现蓝线，如图 2-157 所示。

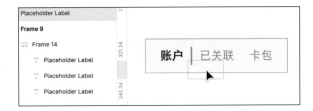

图2-157 将对象移动到自动布局画框中

步骤03 确认目标位置后，松开鼠标即可。

6. 嵌套自动布局画框

我们可以在现有的自动布局画框中继续嵌套更多的自动布局画框，以创建出水平和垂直分布的复杂页面。

嵌套布局画框中的嵌套层可以是多级的，如图 2-158 所示。

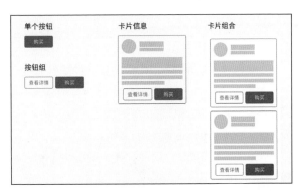

图2-158 嵌套自动布局画框

单个按钮：为单个按钮创建自动布局，当我们调整按钮上的文字时按钮会自动变大或缩小。

按钮组：将两个按钮创建到一个水平自动布局中，当我们对任何一个按钮上的文字进行修改时，另一个按钮的位置将自动调整。

卡片信息：为按钮和卡片中的其他信息创建纵向自动布局，可以是头像、商品详情等信息。

卡片组合：可为多个卡片创建纵向自动布局。

7. 自动布局中画框的其他参数

可以给自动布局画框添加填充、圆角、边框、投影和模糊等效果。

将可以调整大小的对象与自动布局画框搭配可以构建出有趣的效果，例如，对文字和长度为左右伸缩的线条进行上下自动布局处理后，线条的长度会跟随文字宽度的改变而变化，如图 2-159 所示。

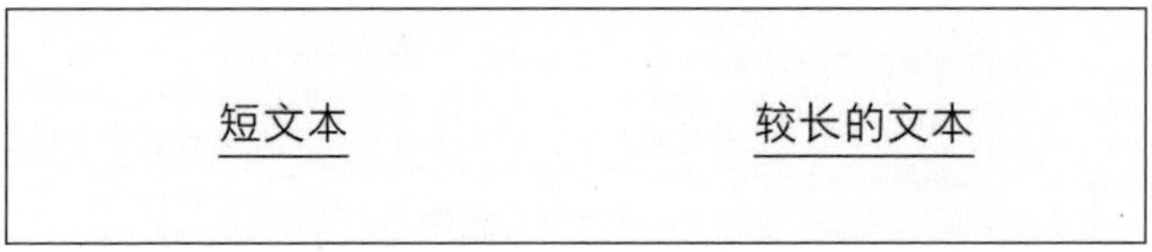

短文本　　　　　　　　较长的文本

图2-159　自动布局的画框效果1

将多行文本和按钮进行纵向自动布局处理，构建出可增大或减小的提示框，如图2-160所示。

图2-160　自动布局的画框效果2

这样有趣的自动布局应用还有很多，将其创建为组件后会给设计工作带来很多便利。

排版对设计的统一性影响很大，对齐、整理、智能选择和自动布局都是为好的排版效果准备的，通过各种排版技巧和排版工具可以准确、快速地构建出方便用户使用的页面框架，也方便进行后续的设计重构。

在产品排版方面，读者可以学习 IBM、Microsoft、Material Design 和 Ant Design 等网站和设计规范。

第3章
Figma进阶

　　使用样式和组件可减少很多重复的设计工作，只需改动主组件或样式，便可将改动同步到所有实例。将原型链接分享出去后，调整设计的同时原型的样式也可实时更新。Figma 有强大的导出功能，可快速导出各种尺寸和格式的图片。Figma 中不同功能的插件也可以为设计增加特殊的效果。

3.1　样式　　　　　　　　　　3.4　导出

3.2　组件和变体

3.3　原型

本章内容

3.1 样式

样式是应用在对象上的一些属性，它可以像组件那样重复使用。Figma 设计文件中的颜色、文本、效果和网格规范都是用样式来定义的。

3.1.1 了解样式

可创建的样式如下。

Color Style（**颜色样式**）：可改变对象的填充色、边框色、背景色样式。

Text Styles（**文本样式**）：可改变字体、大小、行高、间距、字宽样式。

Effect Styles（**效果样式**）：可改变内阴影、外阴影、图层模糊、背景模糊样式。

Grid Styles（**网格样式**）：可改变列、行、网格样式。

当我们调整样式时，Figma 会将更改后的样式应用到所有已使用该样式的对象上。

我们可以发布样式到团队库中，方便在团队中创建并维护同一个样式库。

3.1.2 创建颜色、文本、效果和网格样式

1. 颜色样式

颜色样式可以应用到填充、边框、背景和文本上，甚至可以将渐变或图片作为样式应用到对象上。

◈ **步骤01** 选择要创建颜色样式的对象。

◈ **步骤02** 单击属性面板中的"Style"（样式）按钮⊞，如图 3-1 所示。

◈ **步骤03** 在弹出的颜色样式列表中单击"Create Style"（创建样式）按钮⊞，如图 3-2 所示。

| 图3-1 样式按钮

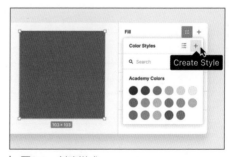

| 图3-2 创建样式

◈ **步骤04** 给样式命名，然后单击"Create Style"（创建样式）按钮完成本次样式的创建，如图 3-3 所示。

◈ 步骤05 此时对象的颜色样式将变为刚刚创建的颜色样式，创建多个颜色样式后可选择该样式进行样式的切换，如图 3-4 所示。

| 图3-3　给创建的颜色样式命名　　　　　　　| 图3-4　颜色样式创建完成

2. 文本样式

◈ 步骤01 选择要创建样式的文本。

◈ 步骤02 单击"Text"（文本）面板右侧的样式按钮⊞。

◈ 步骤03 单击样式按钮右侧的⊞按钮。

◈ 步骤04 为文本样式命名，并单击"Create style"按钮。

3. 效果样式

◈ 步骤01 选择或创建带有阴影或模糊效果的对象。

◈ 步骤02 单击"Effects"（效果）面板右侧的样式按钮⊞。

◈ 步骤03 单击样式按钮右侧的⊞按钮，创建新的样式。

◈ 步骤04 为效果样式命名，然后单击"Create style"按钮。

如果一个对象拥有多个阴影和模糊效果，那么为它创建样式后，样式将包含其所有的阴影与模糊效果。

4. 网格样式

◈ 步骤01 选择或创建带有布局网格的画框。

◈ 步骤02 单击"Layout Grid"（布局网格）面板右侧的样式按钮⊞。

◈ 步骤03 单击样式按钮右侧的⊞按钮，创建新的样式。

◈ 步骤04 为网格样式命名，然后单击"Create style"按钮。

3.1.3　将样式应用到对象上

◈ 步骤01 选择要应用样式的对象。

◈ 步骤02 在属性面板中单击样式按钮⊞。

🔹 **步骤03** 此时将看到本地样式和发布到团队库中的样式，单击要应用到所选对象的样式。

不同类型样式列表的显示方式不同。在颜色样式列表中，单击列表展示按钮▤或网格展示按钮▦可将样式按照列表或网格的形式排列，如图 3-5 所示。

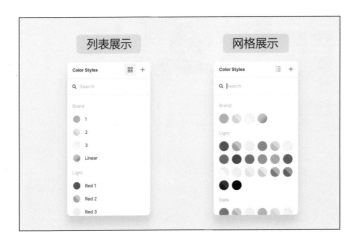

图3-5 颜色样式列表的显示方式

1. 颜色选择器的另一个"秘密"

可以使用颜色选择器将样式中的颜色应用到对象上，其效果就像直接给对象应用了样式库中的颜色后再将其样式分离，如图 3-6 所示。

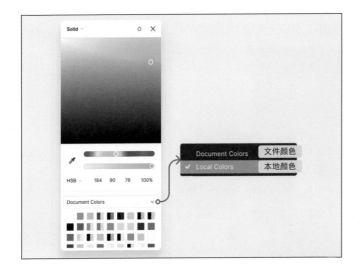

图3-6 颜色选择器中的本地颜色

Document Colors（**文件颜色**）：展示当前设计文件中用到的颜色。

Local Colors（**本地颜色**）：已创建的本地颜色样式中的颜色。

利用颜色选择器的这个便捷功能可以进行以下操作。

① 创建和当前颜色样式相近的颜色，如不透明度为 50%、87% 或能快速整理明度和饱和度变化的颜色。

② 将颜色应用到不用跟随样式变化的对象。

2. 分离样式（Detach Style）

分离样式可保留现有样式的属性，然后根据需要调整相关属性，它常被用于迭代现有样式。

步骤01 选择一个应用了样式的对象。

步骤02 将鼠标指针悬停在应用的样式上。

步骤03 单击"Detach Style"（分离样式）按钮⊠，如图 3-7 所示。

图3-7　分离样式

步骤04 对象的属性和样式分离后，可根据需求对其进行调整。

3.1.4　管理和共享样式

1. 样式属性面板

如果当前设计文件中有已创建的样式，则单击画布空白处或按"Esc"键取消所有选择，右侧属性面板中将会罗列出当前文件的所有样式，如图 3-8 所示。

属性面板中的样式按照种类进行分组，依次为文本、颜色、效果和网格样式。

図3-8　本地样式

133

2. 修改样式

如果要修改现有样式，则需要在样式所在的文件中进行编辑。

将鼠标指针悬停在样式上，单击"Edit Style"（**编辑样式**）按钮🎛️即可修改样式，如图 3-9 所示。

图3-9　编辑样式

也可以用鼠标右键单击样式列表中要修改的样式，选择"Edit Style"（**编辑样式**），如图 3-10 所示。

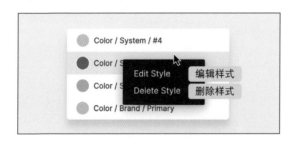

图3-10　在样式列表中编辑样式

此时属性面板将变为"Edit Style"（**编辑样式**），可以在其中查看并修改样式的属性，如图 3-11 所示。

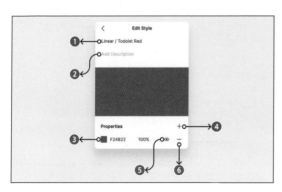

图3-11　修改样式属性

① 样式名称：支持使用"/"对名称进行分层。

② 描述：对当前样式使用场景的说明。

③ 颜色：更改颜色值。

④ 增加属性：可增加当前颜色的层级。

⑤ 可以隐藏或显示应用在样式上的属性。

⑥ 删除属性：可以从样式中删除该属性。

3. 使用命名对样式进行分组

当设计文件中创建了较多样式或开启了较多团队库来分享样式时，样式列表中将会出现很多样式。你可以通过样式列表中的搜索功能按名称搜索样式，也可以在创建样式时根据名称对样式进行分组。

可以使用英文输入法下的"/"来进行分组，这样就可以给样式添加前缀，方便将同类样式分在同一个小标题组中。例如在给颜色样式命名时，我们可以将其分为系统色、文字色、背景色，如下所示。

系统色：System/ #1、System/ #2、System/ #3 等。

文字色：Text/ Primary、Text/ Secondary、Text/ Tertiary。

背景色：Background/Primary、Background/Secondary、Background/Tertiary。

按照该规则命名后，相同的前缀在样式列表中会作为小标题显示，如图 3-12 所示。

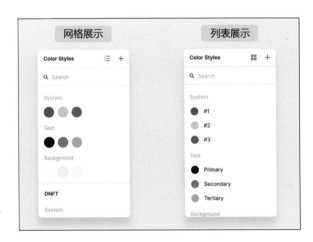

图3-12　分组后的颜色样式

4. 排列本地样式的顺序

通过前面的学习，我们已经了解在创建样式后，右侧的面板中将会出现本地的文字、颜色、效果和布局网格样式。

本地样式会按照其创建的时间先后顺序进行排列，我们可以通过调整其顺序来方便后续的使用和查看。

◈ 步骤01 将鼠标指针移到要调整顺序的样式的左侧。

◈ 步骤02 样式左侧会出现可移动的手柄图标⊟，如图 3-13 所示。

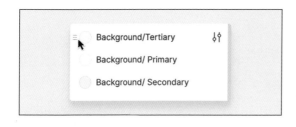

图3-13 排列样式

◈ 步骤03 拖动样式以调整其位置。

◈ 步骤04 位置确定后松开鼠标，样式的顺序将会更新，如图 3-14 所示。

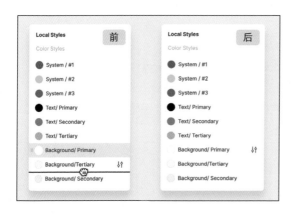

图3-14 重新排列样式

5. 删除样式

可以直接在样式列表中删除样式。

◈ 步骤01 用鼠标右键单击本地样式中要删除的样式。

◈ 步骤02 选择"Delete Style"（删除样式），如图 3-15 所示。

图3-15 删除样式

6. 发布样式

如果要在其他文件中使用当前页面内的样式，可以将当前文件的样式发布到"Team Library"（**团队库**）中。

我们可以将样式单独发布（免费团队版就可以），也可以和组件一起发布（需要付费的专业团队或教育团队版）。

❖ 步骤01　在"Assets"（**资源**）面板中单击"Team Library"（团队库）按钮▣打开"Libraries"（**组件库**）弹窗，快捷键如下。

macOS　Option+3　　　Windows　Alt+3

❖ 步骤02　在组件库弹窗的"Current file"（**当前文件**）模块中，单击"Publish"（发布）按钮，如图 3-16 所示。

❖ 步骤03　付费团队版：在弹窗中输入更改的描述，该描述可在历史版本中看到，如图 3-17 所示。

| 图3-16　发布样式

| 图3-17　更改描述

❖ 步骤04　付费团队版：单击"Styles and Components"（**样式和组件**）右侧的▷按钮，可查看所有改变和未改变的样式和组件，如图3-18所示。单击"Publish"（发布）按钮可将当前文件的样式和组件发布到团队库中。

| 图3-18　样式和组件列表

步骤05 免费团队版：单击"Current file"（**当前文件**）模块右侧的"Publish"
（发布）按钮后，会出现升级提示，此时可以单击"Publish styles only"（仅发布样式），
如图 3-19 所示。

图3-19　升级提示

步骤06 免费团队版：在弹窗中输入更改的描述，该描述也可在历史版本中看到，
如图 3-20 所示。

图3-20　更改描述

步骤07 单击"Publish Styles"（发布样式）按钮完成发布，页面下方将出现发
布提示，如图 3-21 所示。

图3-21　发布提示

如果在其他设计文件中应用了当前文件中的样式，在修改样式时 Figma 中会出现提示，打开使用了该样式的文件时也会出现提示，如图 3-22 所示。

图3-22　提示

7. 使用发布到组件库中的样式

从当前文件中打开组件库，则具有当前文件编辑权限的人都可以使用启用文件中的样式和组件。

① 可以在样式面板中查看库中的样式。

② 颜色样式中也会出现样式库中的颜色分组，如图 3-23 所示。

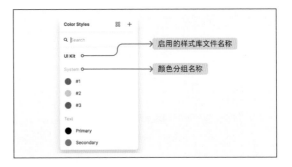

图3-23　颜色分组

③ 可使用已启用库中的任何字体、颜色、效果和网格样式。

> **实战：创建带有文字、颜色、效果和网格样式的文件，并发布到团队组件库**
>
> 创建前可提前想好文字、颜色、效果和网络样式的命名方式及分组。
>
> **1. 颜色样式命名参考**
>
> 系统色：System/ #1、System/ #2、System/ #3 等。
>
> 文字色：Text/ Primary、Text/ Secondary、Text/ Tertiary。
>
> 背景色：Background/ Primary、Background/ Secondary、Background/ Tertiary。

2. 字体样式命名参考

字体名称最好体现出其功能和大小，如有必要可以加上行高。如"Headline/H1-56"代表 H1 标题，字体大小为 56px，也可以改为"Headline / Bold / H1-56-64"表示加粗的 H1 标题，字号为 56px，行高为 64px。

Headline /H1-56。   Button /BTN1-14。

Headline /H2-48。   Caption /C1-13。

Body /T1-16。   Caption /C2-12。

3. 效果样式命名参考

投影和模糊不仅支持单个或多个一起创建样式，还支持混合在一起创建样式，可以根据功能进行命名。

Shadow / Button / Large。   Shadow / Button / Small。

Shadow / Navigation / Default。   Shadow / Card/ Default。

Blur / Background / 4px。   Blur / Background / 8px。

4. 网格样式命名参考

网格可根据常用屏幕尺寸进行创建和命名。

Desktop 12 Grid。   iPad 6 Grid。

Mobile 4 Grid。   8pt Grid style。

样式的使用可确保产品的一致性，方便我们对主要样式快速进行修改。

在工作中，如果时间紧张，我们可以提前把基础样式创建好后再开始产品的设计，待后期产品调性和字体等确定后进行简单调整。

颜色样式：产品调性确定后进行设计。

字体样式：和团队成员一起选择适合产品的字体后进行设计。

投影和网格系统：确定了设计网页或移动界面后进行设计。

3.2 组件和变体

本节开始对"Components"（组件）和称为"Figma 超级组件"的"Variants"（变体）进行学习。

它们在设计中都可以复制出无数个"分身"，我们把这些"分身"叫作"Instance"（实例）。实例可以跟随组件属性的变化而变化，方便我们进行跨文件的设计。

3.2.1 创建组件

我们可以把按钮、图标、布局或较为复杂的对象与图层创建为组件。

1. 创建单个组件

步骤01 选择一个要创建为组件的对象，如图 3-24 所示。

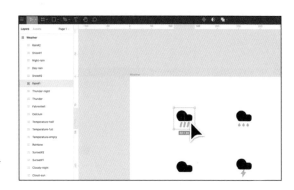

图3-24 选择对象

步骤02 共有 3 种创建组件的方法。

① 单击工具栏中的"Create Component"（创建组件）按钮⬡，如图 3-25 所示。

② 用鼠标右键单击对象或图层面板中的图层，选择"**Creat Component**"（**创建组件**），如图 3-26 所示。

图3-25 创建组件方式1

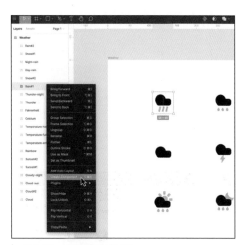

图3-26 创建组件方式2

③ 使用快捷键。

macOS Cmd+Option+K   **Windows** Ctrl+Alt+K

141

❖ 步骤03 对象创建为组件后，其在图层面板中将显示为紫色，如图 3-27 所示。

创建组件后，我们可以在"Component"面板下方的输入框中添加能帮助前端程序人员理解组件的描述，输入的描述在"Inspect"开发模式下也可看到，如图 3-28 所示。

| 图3-27　创建好的组件

| 图3-28　给组件添加描述

给组件命名时可以通过英文输入法的"/"对其进行分组。

2. 批量创建组件

在我们选择对象时，Figma 会判断所选对象的数量。

仅选择一个对象可以创建单个组件。若选择多个对象，不仅可以根据所选对象来创建单个组件，还可批量创建多个组件。

❖ 步骤01 选择要批量创建组件的多个对象。

❖ 步骤02 单击工具栏中组件按钮◈右侧的下拉按钮⌄。

❖ 步骤03 选择"Create Multiple Components"（创建多个组件），如图 3-29 所示。

图3-29　批量创建组件

步骤04 Figma 将会把选择的所有对象分别创建为组件，如图 3-30 所示。

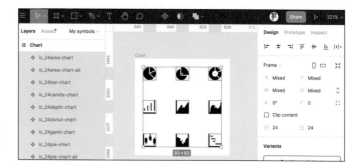

图3-30　完成批量创建组件

实战：创建"单选框"组件

步骤01 创建两个宽和高都为 24px 的画框，分别将它们命名为"ic_24 single Choice_on"和"ic_24singleChoice_off"。

步骤02 在两个画框中创建宽和高都为 20px 的选中和未选中图标，并去除画框的背景色，如图 3-31 所示。

图3-31　绘制图标

步骤03 选中两个画框并将它们批量创建为组件，如图 3-32 所示。

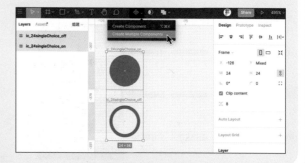

图3-32　批量创建组件

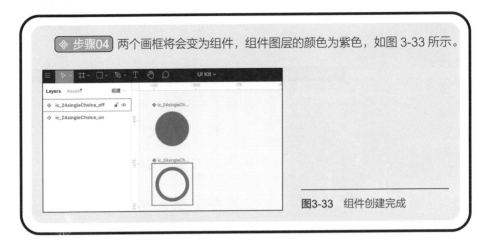

图3-33 组件创建完成

3.2.2 创建变体

我们可以将功能或样式相近的组件整合为变体。

例如，在创建按钮时可以将是否带图标、是否有圆角、亮环境使用或暗环境使用、大或小等无数个有相同特点的按钮创建为一个变体集，如图 3-34、图 3-35 和图 3-36 所示。

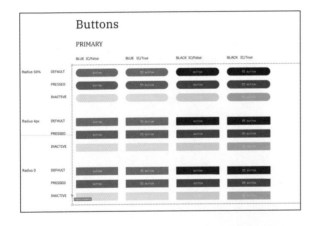

图3-34 按钮变体集1

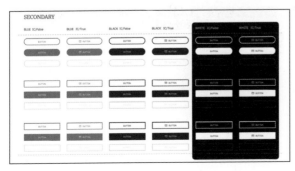

图3-35 按钮变体集2

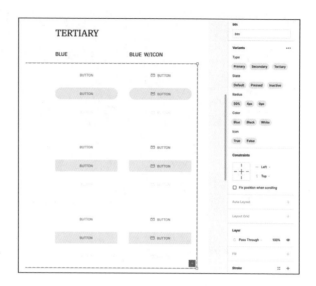

图3-36　按钮变体集3

这类似于将同类组件放在一个容器中，使用时根据需要直接选择对应属性的组件即可，如图 3-37 所示。

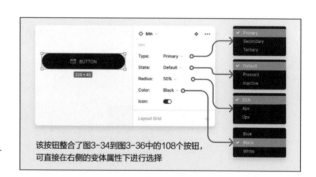

图3-37　使用变体按钮

变体的所有变量属性都可以自定义，方便在设计系统时查找相关属性。

变体在开发模式下显示了所有属性的说明，这让变体中的单个组件更接近前端代码，如图 3-38 所示。

图3-38　变体的属性

> **⚠ 温馨提示**
>
> 由于调整变体会改变单个变体组件的名称，因此变体中的对象不适合进行切片导出，我们尽量不要将图标直接作为变体。如果要将多个图标作为变体，则需要进行以下操作。
>
> ① 将当前所有图标组件均复制一份实例。
>
> ② 选中复制的所有实例，在工具栏中选择批量创建组件。
>
> ③ 选中新创建的组件，单击"Combine as Variants"（创建为变体）。
>
> 这样创建的变体可保留原组件的名称，而且改变原组件的属性时，变体中的对应图标也会做出响应。
>
> 如果图标不但有不同的尺寸，而且有线条和填充等多种样式，那么推荐将其创建为变体。

1. 创建变体

由于变体较为抽象，因此下面通过创建一个带有错误、成功等信息的提示框来介绍变体的创建方法。

◈ 步骤01 创建一个尺寸为500px×100px的错误提示框，其名称和颜色如图3-39所示。

图3-39 创建错误提示框

◈ 步骤02 将错误提示框创建为组件，如图3-40所示。

图3-40 创建为组件

步骤03 选中组件，单击"Variants"右侧的"Add New Variant"（添加新的变体）按钮⊞，如图 3-41 所示。

图3-41　添加新的变体

步骤04 画布中会自动新增一个画框作为变体 2，Figma 会提示用户输入变体"Property 1"（属性 1）的名称，如图 3-42 所示。

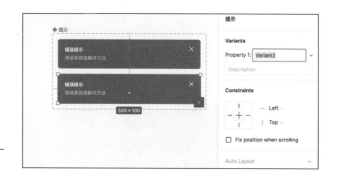

图3-42　创建新的变体后

步骤05 把新增的这个画框调整为成功提示框。将输入框中的"Variant2"改为"成功"，可根据图 3-43 所示内容调整变体 2 的颜色和信息。

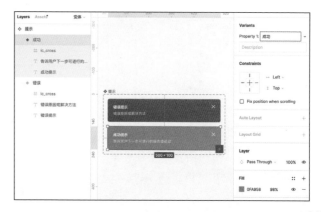

图3-43　编辑变体2

◈ 步骤06 继续添加新的变体。选中变体后单击"Variants"右侧的⋯按钮，选择"Add New Variant"（**添加新的变体**），也可以单击变体框右下角的紫色图标来进行变体的添加，如图 3-44 所示。

图3-44 添加变体3

◈ 步骤07 把新增的这个变体调整为信息提示框。对变体 3 进行步骤 05 中的操作，如图 3-45 所示。

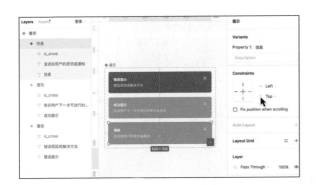

图3-45 编辑变体3

◈ 步骤08 单击变体 3，再单击"Variants"下方的"Property 1"（属性1），可编辑变体属性 1 的名称，将"Property 1"改为"Type"如图 3-46 和图 3-47 所示。

当我们一次性选中多个组件后，变体属性下会出现"Combine as Variants"（合并为变体）按钮。

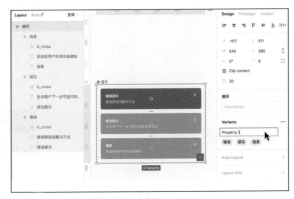

图3-46 编辑变体属性1的名称

图3-47　调整变体属性的名称

2. 使用变体

步骤01 在"Assets"（资源）面板中搜索"提示"，将出现刚刚创建的变体（默认预览第一个变体），如图 3-48 所示。

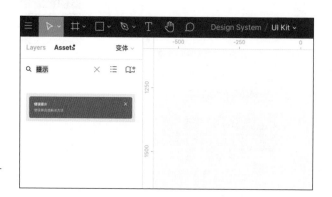

图3-48　搜索"提示"

步骤02 拖动提示组件到画布中后，可在属性面板中查看或切换变体组件，如图 3-49 所示。

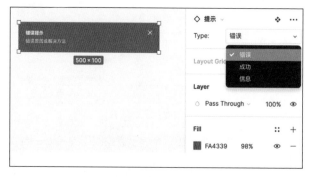

图3-49　查看或切换变体组件

3. 多属性变体

我们可以使用多个属性来丰富提示框的使用场景，按钮的属性和值可以如下所示。

Type（类型）：Primary、Secondary、Tertiary。

State（状态）：Default、Pressed、Inactive。

Color（颜色）：Blue、Black、White 等。

Size（大小）：Large、Medium、Small。

Icon（图标）：True/False 或 On/Off。

具有多属性和值的组件支持更多的调整，如图 3-50 所示。

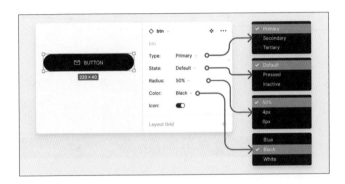

图3-50　多属性变体

4. 添加属性和值

步骤01 选择要添加多个属性的变体。

步骤02 单击 "Variants" 右侧的⋯按钮，选择 "Add New Property"（**添加新的属性**），如图 3-51 所示。

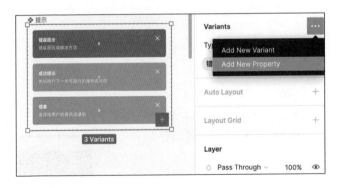

图3-51　添加新的属性

步骤03 将新属性的名称定义为 "Icon"，Figma 会在属性中添加一个默认值（Default），图层面板中每个提示类型图层的名称后面也会默认添加文本 "Default"，如图 3-52 所示。

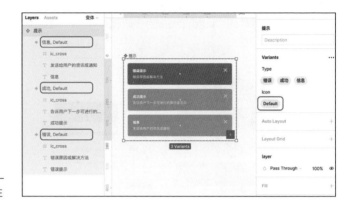

图3-52　添加"Icon"属性

◈ **步骤04** 我们可以双击"Icon"下的"Default"标签，将其重命名为"On"，表示当前创建的变体都有关闭按钮，如图3-53所示。

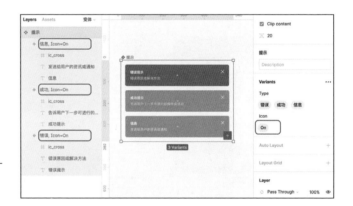

图3-53　重命名"Icon"属性的值

◈ **步骤05** 开始创建无关闭按钮的变体。单击"Variants"右侧的⊡按钮，选择"Add New Variant"（**添加新的变体**），在右侧设置新变体的"Type"和"Icon"，如图3-54所示。

图3-54　新增变体

151

⊛ 步骤06 单击"Icon"右侧的下拉按钮，选择"Add New"（新增），如图 3-55 所示。

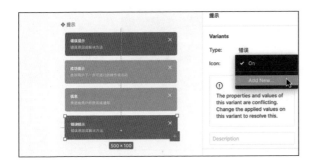

图3-55　新增值

⊛ 步骤07 将新增值的名称设为"Off"并删除该提示框右上角的关闭按钮，创建"错误"提示框中无关闭按钮的变体，如图 3-56 所示。

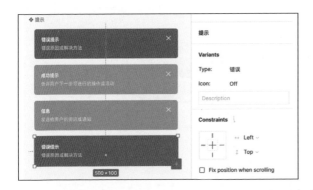

图3-56　调整新变体

⊛ 步骤08 按步骤 05、步骤 06 和步骤 07 中的方法继续创建"成功"和"信息"框中不带关闭按钮的变体，如图 3-57 所示。

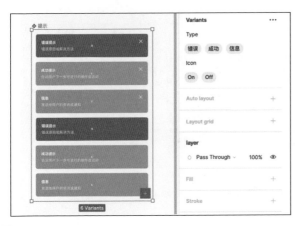

图3-57　多属性变体

◈ 步骤09 选中提示变体实例后，属性面板中会出现可开 / 关的"Icon"属性，如图 3-58 所示。

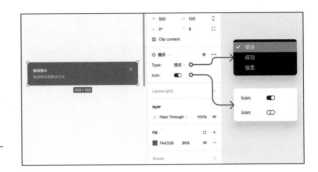

图3-58 带开关的多属性变体

5. 管理变体

（1）重命名属性和值

我们可以对多属性变体的属性和值进行重命名，在重命名前需要选中对应变体。

◈ 步骤01 选择要重命名属性或值的变体。

◈ 步骤02 双击要重命名的属性或值的名称。

◈ 步骤03 输入新名称后按"Enter"键，如图 3-59 所示。

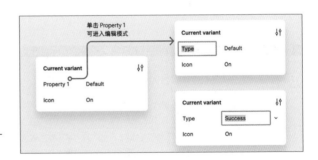

图3-59 重命名属性和值

当我们将现有组件转换为变体时，通常需要重命名属性和值。

（2）调整属性和值的顺序

实例属性和值的顺序会和变体组件属性和值的顺序保持一致，我们可以调整变体组件属性和值的顺序。

调整属性的顺序：将鼠标指针放在属性名称左侧的▤上，按住鼠标左键上下拖动来调整该属性的位置。

调整值的顺序：将鼠标指针放在要调整顺序的值上，按住鼠标左键左右拖动来调整其位置，如图 3-60 所示。

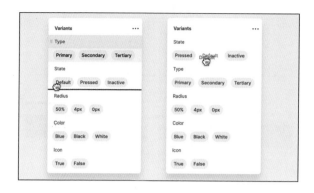

图3-60　调整属性和值的顺序

（3）删除属性

步骤01 选择要删除属性的变体组件。

步骤02 将鼠标指针悬停在要移除的属性名称上。

步骤03 单击属性名称右侧的"Remove Property"（删除属性）按钮⊟，属性会和它的值一同被删除。

（4）变体组件的命名规则

我们可以通过命名图层来管理变体，因为变体名称中包含了**属性**和**值**。

变体的命名规则为：Property 1=Value, Property 2=Value, Property 3=Value。

所以，将按变体命名规则命名的多个组件合并为变体后，变体属性面板中会自动显示出对应**属性**和**值**，如图 3-61 和图 3-62 所示。

图3-61　按变体命名规则命名的组件

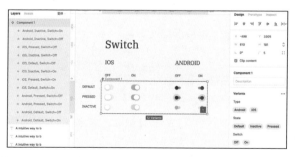

图3-62　合并为变体后的效果

154

我们在右侧属性面板中调整属性和值时，变体的名称也会同步发生变化。

3.2.3 命名和整理组件

在画布中创建的所有组件都将显示在"Assets"（资源）面板中，方便我们进行搜索与调用。

1. 在资源面板中访问组件

在资源面板中访问组件，如图 3-63 所示。

图3-63 访问组件

也可以使用以下快捷键。

macOS Option+2 Windows Alt+2

在资源面板中可以访问本地组件（包括暂未发布到团队库中的组件）、在当前文件中使用的组件和团队库中的组件，这些组件在资源面板中都会显示出对应的名称，可以通过单击折叠按钮来浏览其中的文件，如图 3-64 所示。

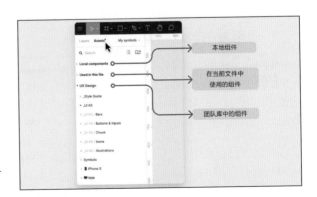

图3-64 资源面板中的组件

资源面板中的路径层级结构为：File（文件）> Page（页面）> Frame（画框）。命名组件时的层级可以通过"/"来创建，这些层级结构在资源面板中也会显示出来。

2. 合理命名组件

将多个状态的组件进行有规则的命名可方便我们在资源面板中对其进行查看。例如，将 UI Kit 页面中的 3 个不同状态的按钮分别命名为"UI/Button/Primary/Default""UI/Button/Primary/Pressed""UI/Button/Primary/Inactive"。组件的命名结构将分层展示，如图 3-65 所示。

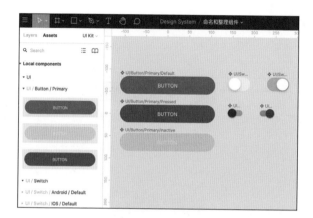

图3-65　组件的命名结构

所以，原始组件的命名方式将影响资源面板中组件的层级结构。

> **注意**：在命名较多组件时，可参考 2.4.1 小节中的内容进行命名。

3.2.4　创建组件的实例

复制组件可得到实例，它可在设计中重复使用。我们修改组件的属性后，它的所有实例也会发生相应改变。

1. 使用发布到组件库中的组件

◈ 步骤01 打开资源面板。

◈ 步骤02 单击团队组件库按钮回，在组件库面板中打开要使用的组件库，如图 3-66 所示。

图3-66　打开要使用的组件库

◈ 步骤03 在资源面板中单击并拖动要使用的组件到右侧空白区域，如图 3-67 所示。

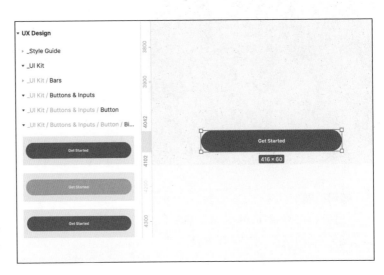

图3-67 使用组件实例

2. 使用当前文件中的组件

如果复制后的实例和当前组件在同一个页面中，可以通过直接复制组件来创建实例，快捷键如下。

macOS Cmd+D   Windows Ctrl+D

如果复制后的实例和当前组件不在同一个页面，可以复制组件后再将其粘贴到对应页面，快捷键如下。

macOS Cmd+C 和 Cmd+V   Windows Ctrl+C 和 Ctrl+V

3.2.5 切换组件的实例

如果我们想改变当前使用的实例，可以直接进行切换，如切换按钮、图标和卡片等。选中实例后，可以在实例列表中快速搜索并替换所选实例。

1. 切换实例（Swap Instance）

我们可以通过"Swap Instance"（切换实例）将所选实例切换为当前文件和团队库中已启用的组件。

◈ 步骤01 选中要切换的实例。

◈ 步骤02 单击属性面板中的实例名称，打开实例列表，如图 3-68 所示。

◈ 步骤03 在实例列表中单击要替换的对象即可。

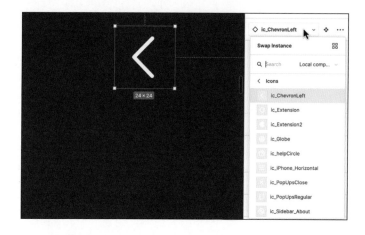

图3-68　实例列表

知识扩展

在资源面板中替换现有实例：按住"Option"（Windows 为"Alt"）键，将资源面板中的组件拖动到要替换的实例对象上。

2. 实例属性面板

选中实例后，将会出现实例属性面板，如图 3-69 所示。

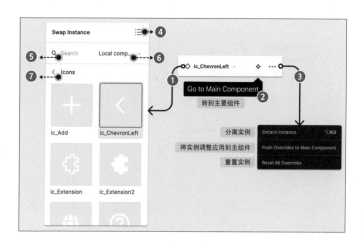

图3-69　实例属性面板

① 默认显示所选实例的名称，单击可展开"Swap Instance"（**切换实例**）。

② 单击"Go to Main Component"（转到主要组件）按钮，会跳转并选中所选实例对应的组件。此时，选中该组件，单击画布底部出现的按钮将返回到当前实例位置，如图 3-70 所示。

| 图3-70　返回实例按钮

③ 单击实例属性右侧的"Instance Options"（实例选项）按钮⋯，可以在打开的下拉菜单中进行以下操作。

（a）Detach Instance（**分离实例**）：将当前实例和组件进行分离，分离后的对象和组件将没有任何联系。

（b）Push Overrides to Main Component（**将实例调整应用到主组件**）：对实例进行调整后才会出现该选项，选择该选项可以将当前对实例的修改应用到主组件中。

（c）Reset All Overrides（**重置实例**）：对实例进行调整后才会出现该选项，选择该选项可让实例与组件保持一致。

④ 单击列表展示按钮▤或网格展示按钮▦可将样式按照列表或网格的形式排列。

⑤ 可以通过名称搜索当前文件和团队库中已启用的组件。

⑥ 可选择本地组件和启用团队库中的组件。

⑦ 显示当前预览组件的层级。

3.2.6　组件和实例之间的"秘密"

1. 将实例调整应用到主组件

如果想将当前调整后的实例作为组件，则可以通过"Push Overrides to Main Component"（**将实例调整应用到主组件**）将当前实例的所有调整应用到主组件上。

步骤01 选中一个调整后的实例对象。

步骤02 单击实例属性右侧的"Instance Options"（**实例选项**）按钮⋯，如图3-71所示。

步骤03 在下拉菜单中选择"Push Overrides to Main Component"（**将实例调整应用到主组件**），如图 3-72 所示。

| 图3-71　实例选项

| 图3-72　下拉菜单

步骤04 此时组件将会更新为实例的样式，并更新在实例上的所有调整，如名称、填充、描边、颜色和实例中引用的其他实例等。

2. 重置实例

如果想让调整后的实例重新变为和组件一样的实例，可以通过重置实例来还原组件的属性。当然，如果改变了实例的效果、描边和填充等样式，则可以单独对效果、描边或样式进行重置。

🔹 步骤01 选中一个实例，并为其添加阴影、填充和描边。

🔹 步骤02 单击实例属性右侧的"Instance Options"（实例选项）按钮⌶，如图3-73所示。

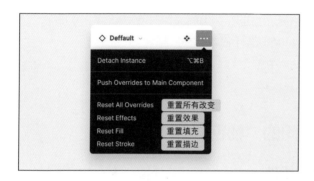

图3-73　重置实例

🔹 步骤03 在下拉菜单中可以对实例进行重置所有改变、重置效果、重置填充和重置描边操作。

3. 将实例从组件中分离

我们可以将任何实例与主组件进行分离，如果该实例的调整不用和主组件保持一致，则可以将它和主组件分离。

分离后的实例在保留当前层和属性的同时会变为常规画框，也会删除和原组件的所有链接，主组件的任何改变都不会影响它。

🔹 步骤01 选中要从组件中分离的实例。

🔹 步骤02 单击实例属性右侧的"Instance Options"（实例选项）按钮⌶，如图3-74所示。

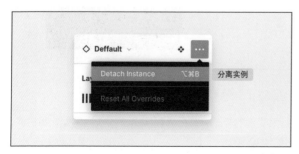

图3-74　分离实例

⊛ 步骤03 在下拉菜单中选择"Detach Instance"（**分离实例**），也可以使用以下快捷键。

macOS　Option+Cmd+B　　　**Windows**　Ctrl+Alt+B

前面我们进行了组件和变体的学习，在平时的设计工作中我们可以根据设计资源的功能和特点灵活使用变体或组件。

可以把变体理解为更高级的组件，这在 3.2.6 小节中同样适用。

3.3　原型

本节将从缓动、动画、叠加原型等方面讲解如何使用 Figma 设计高保真交互原型。

Figma 的原型工具可以满足日常的设计需求。Figma 原型的链接是固定的，后续的改动也会在原型中实时同步。所以我们在交付设计时，一般只需要提供设计链接、原型链接和切片压缩包。

我们可以使用原型分享设计迭代的想法、进行交互测试、向团队其他成员展示设计、了解用户如何使用产品和收集建议与反馈。

3.3.1　缓动

自然界中的物体不会线性地从一个点移动到另一个点。现实中，物体移动的过程中往往伴随加速或减速运动。我们的大脑也习惯这样的运动，所以要构建源于自然的设计。原型中的自然运动同样会让用户感觉舒适。

Figma 提供了一些预设的缓动曲线，当然你也可以自定义缓动曲线。

1. 默认缓动曲线

（1）Linear（线性）

线性缓动的速度是不变的，其单位时间内的位置变化都相等，如图 3-75 所示。线性的缓动看起来比较机械，会让用户感觉不自然。一般尽量避免使用线性缓动。

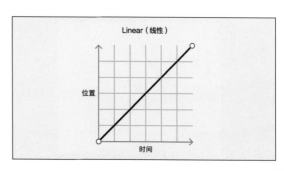

图3-75　线性缓动

（2）Ease In（缓入）

缓入是指从缓慢开始到快速结束，类似于让一个物体在规定的时间内一直加速，然后忽然停止，如图 3-76 所示。自然界中的运动物体会在运动结束之前进行减速而不是忽然停止，所以缓入也会给用户带来呆板的感觉。

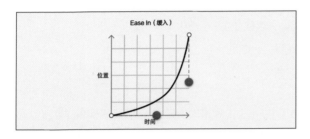

图3-76　缓入

（3）Ease Out（缓出）

缓出和缓入相反，是从快速开始到缓慢结束，如图 3-77 所示。快速响应可以增强用户对页面的好感，所以其常被用于将对象移入视口的效果中。

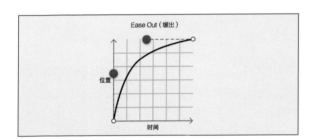

图3-77　缓出

（4）Ease In And Out（缓入缓出）

类似于汽车的启动和制动，缓入缓出是指先缓慢开始，中途加速，再缓慢结束，如图 3-78 所示。

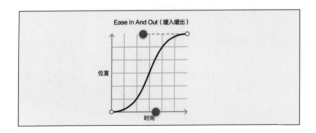

图3-78　缓入缓出

缓入缓出的时间一般控制在 300ms ~ 500ms，这会给人一种平滑且反应迅速的感觉。但不建议在所有对象上都使用缓入缓出效果。

（5）Ease In Back（开始回动）

开始回动是指对象在运动开始时先往反方向缓慢运动一段距离，然后往正方向加速运动直到结束，如图 3-79 所示。

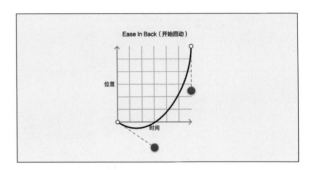

图3-79　开始回动

（6）Ease Out Back（结束回动）

结束回动是快速开始运动，然后减速运动至超过结束位置，再返回到结束位置，如图 3-80 所示。

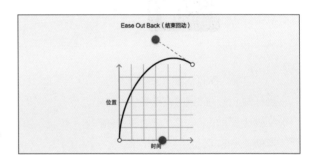

图3-80　结束回动

（7）Ease In And Out Back（前后回动）

前后回动指给对象的入场和出场都加上反弹效果，如图 3-81 所示。

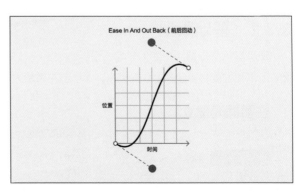

图3-81　前后回动

前后回动的对象在运动过程中的速度特别快，给人前后慢、中间快的感觉。

2. 自定义缓动曲线

如果预设的缓动曲线满足不了我们的需求，那我们也可以自定义缓动曲线。

可以使用"Bezier"（贝塞尔曲线）来编辑缓动曲线，也可以将其他曲线的参数复制粘贴到自定义缓动曲线的下方，如图 3-82 所示。

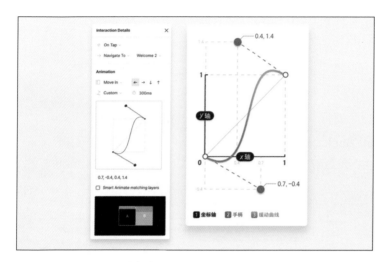

图3-82　自定义缓动曲线

为了方便大家理解缓动曲线的调整规则，下面对图 3-81 中的曲线进行说明。

坐标轴： 缓动曲线的调整在坐标轴中进行，默认显示的 x 轴和 y 轴的范围都为 0 ~ 1。一般 x 轴代表时间，y 轴代表过渡（如移入、移出、滑动、智能动画）效果。

手柄： 左侧缓动曲线处的字段 "0.7，-0.4"，"0.4，1.4" 在右侧的放大版图中分别对应左下角和右上角的手柄，可以用 "X1，Y1，X2，Y2" 来表示缓动曲线的参数。

缓动曲线： 缓动曲线会跟随手柄坐标位置的改变而改变，图 3-82 曲线在 CSS 中为 transition:transform 300ms cubic-bezier(0.7，-0.4, 0.4, 1.4)。

3.3.2　基础原型

原型可用于模拟用户如何与你的设计进行互动，交互的过程中一般需要切换多个页面，所以我们要将多个画框联系起来，本小节将带领大家了解基础原型的创建。

在画框间建立联系

从简单的开始，我们先在两个 iPhone 画框间建立联系。

◈ 步骤01　创建两个 iPhone 11 Pro 大小的画框，将同一张图片粘贴到两个画框中后分别改变两张图的位置和大小，如图 3-83 所示。

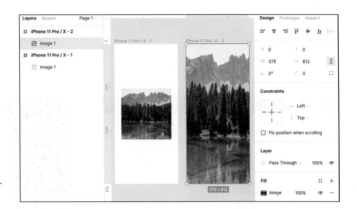

图3-83　创建两个画框

步骤02　将右侧属性面板从"Design"（设计）切换到"Prototype"（原型），并将鼠标指针移到左侧图片的原点上，直到原点变为带加号的图标，如图 3-84 所示。

图3-84　为两个画框构建原型

步骤03　拖动图标，在拖动的过程中将出现带箭头的蓝色线条，将原型连接到右侧画框后松开鼠标，画框右侧将出现该联系的"Interaction Details"（交互详情）面板，如图 3-85 所示。当前原型连接的交互为单击左侧图片后，页面将立即转到右侧画框。

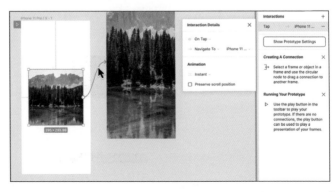

图3-85　将两个画框联系起来

◈ 步骤04 对右侧的图片创建单击后转到左侧画框的原型连接。

◈ 步骤05 单击工具栏中的"Present"（演示）按钮▷，如图 3-86 所示，将在新窗口中打开原型演示页面，如图 3-87 所示。

| 图3-86　演示原型

| 图3-87　在原型中进行交互

◈ 步骤06 单击原型演示页面中的图片，将全屏展示图片。

3.3.3　设置展示原型的设备和起点

我们可以在设计文件右侧的"Prototype"（原型）中调整原型演示页面的背景色、原型起点和设备等。

打开上一小节创建的设计文件，选中带有正方形图片的画框，将右侧属性面板从"Design"（设计）切换到"Prototype"（原型），进行原型预览设置，如图 3-88 所示。

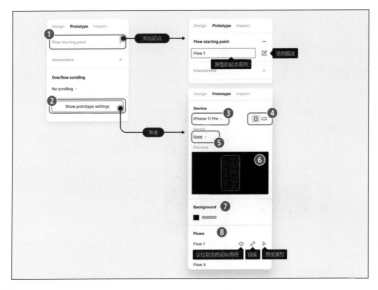

图3-88　调整原型预览设置

1. 原型流程起点

Figma 支持在同一页中创建多个原型流程，每个流程都有单独的起点。

Flow starting point（流程起点）：单击流程起点右侧的添加按钮田，可给所选画框添加原型预览起点，Figma 会默认将首个起点命名为 **Flow 1**，将其他流程起点依次命名为 **Flow 2**、**Flow 3** 等。创建流程起点后可修改其名称或添加流程描述。

删除流程起点：单击流程起点右侧的删除按钮日。

2. 显示原型设置

Show prototype settings（显示原型设置）：单击可进入原型设置页面。

3. 设备的切换

画框预设：在创建画框时，如果我们使用右侧默认的设备，原型设备也会默认显示为该设备。例如，我们选择了 iPhone 11 Pro 画框，演示页面中将默认显示 iPhone 11 Pro 的样机。当然我们也可以在图 3-87 所示的 **"Device"（设备）**的下拉菜单中选择其他的原型设备。

Custom Size（自定义大小）：演示页面会根据原型的屏幕大小自动进行缩放。

Presentation（填充）：演示原型会在保证完整显示的同时铺满屏幕。

4. 方向

只有在选择设备后，才会出现回纵屏和回横屏两个方向切换按钮。

如果我们使用横屏预览纵向设计的页面，则设计文件不会跟随屏幕翻转。

5. 设备的型号

选择默认的设备后，我们可以在 **"Model"（型号）**中进行切换。

例如 iPhone 11 Pro 就可设置为金色、午夜绿、银色和深空灰。

6. 预览

可在 **"Preview"（预览）**中快速查看设备外观。

7. 背景颜色

改变原型演示页面的背景色，也可在预览中查看调整结果。一般设置为白色或品牌色。

8. 流程起点

Flows（流程）：展示当前页面中所有原型流程起点的名称（注意，该名称不是画框名称）。将鼠标指针移至流程名称上会出现 Select framer（选中流程起点画框）、Copy link（复制原型流程链接）和 Present（演示）按钮。

如果当前页面中已创建多个原型流程起点，单击工具栏的 **"Present"（演示）**按钮回，预览原型页面左侧会出现所有流程名称，如图 3-89 所示。

图3-89　多个原型演示流程名称

我们在演示页面刷新、单击流程名称或按"R"键，可跳转到预览流程的起始画框。

3.3.4　触发

Prototype triggers（原型触发）是指通过某种方式，让当前画框自动通过原型连接到另一个画框。这种方式可以是单击、拖动和鼠标指针悬停操作，也可以是按自定义的快捷键。

我们把可触发对象交互动作的区域称为热区。

步骤01 单击原型连接，页面右侧会出现 Interaction Details（交互细节）面板。

步骤02 单击交互细节面板中的"On Tap"（单击），展开原型触发方式列表，如图 3-90 所示。

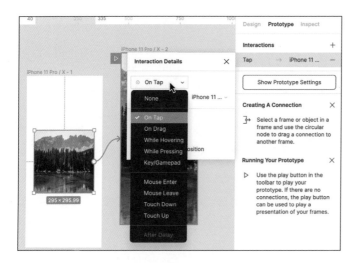

图3-90　触发方式

下面逐一说明 Figma 中的原型触发方式。

1. On Tap（单击）

在演示原型中，用户单击对象即可触发交互动作。

168

应用：切换页面、打开链接和提交表单。

2. On Drag（拖动）

在屏幕中拖动对象到另一个位置后松开鼠标即可触发交互动作。

应用：滑块组件的交互。

3. While Hovering（当悬停时）

当鼠标指针移入热区后会触发交互动作，鼠标指针离开后页面将回到原始状态。

应用：按钮或卡片的移入效果，也可以给对象添加移入说明。

4. While Pressing（当按下时）

使用鼠标左键按住热区中的对象时，将会触发交互动作。在移动设备上按住热区中的对象也可触发交互动作。

应用：长按复制、iPhone 中的 3D Touch 效果。

5. Key/Gamepad（键盘/游戏手柄）

通过键盘或其他输入设备来创建交互效果，可以是单个按键，也可以是组合键（如"Cmd+C""Shift+V"就属于组合键）。

6. Mouse Enter（鼠标指针进入）

当鼠标指针移入热区后，便会触发交互动作。它和悬停不同，当鼠标指针移出后页面不会返回到初始状态。其常被用来进行下拉菜单原型的设计，即鼠标指针进入热区就触发展开下拉菜单的交互动作，鼠标指针离开热区后下拉菜单仍保持展开状态，直到用户选择其中的选项或单击其他区域触发关闭菜单的交互动作。

7. Mouse Leave（鼠标指针离开）

当鼠标指针离开热区后，将触发交互动作。

应用：创建操作提示，如输入框中未输入信息，鼠标指针便离开输入框的提示。

8. Touch Down（触摸按下）

按下鼠标或触摸屏幕时，将触发交互动作。当松开鼠标或手指离开屏幕后，将返回初始状态。

9. Touch Up（触摸离开）

松开鼠标或手指离开屏幕时，便会触发交互动作。

10. After Delay（延迟触发）

可让用户在设置了延迟触发的页面中等待一定时间后自动触发交互动作。选择此触发方式后需设置延迟触发的时间，单位是毫秒（ms）。其只可以应用于顶层框架，不能应用在特定对象或图层上。

应用：加载页面、闪屏动画、倒计时页面。

3.3.5 动作

触发交互动作后，系统将根据设定的动作类型进行下一步操作。动作可以是导航到另一个画框、打开外部链接和替换当前对象等。

◈ 步骤01　单击原型连接，页面右侧会出现"Interaction Details"（**交互细节**）面板。

◈ 步骤02　单击交互细节面板中的"Navigate To"（**导航到**），展开动作列表，如图 3-91 所示。

图3-91　动作列表

1. Navigate To（导航到）

可导航到另一个画框，其在原型设计中的使用频率最高。

2. Open Overlay（打开叠加）

将目标画框叠加在当前画框上，可用于模拟按钮移入动作和其他对象的另一种模式。

3. Swap With（切换到）

可将当前画框替换为另一个画框，在常规画框中使用"切换到"的效果和使用"导航到"的效果类似。

原型的操作历史不会记录用户的"切换到"动作，如果我们要在该动作前后使用"后退"动作，则需要将"切换到"改为"导航到"。

4. Back（后退）

可以将原型导航到上一个页面中，其常被用来模拟返回按钮和关闭弹窗。

5. Close Overlay（关闭叠加）

可用来清除原始画框上出现的所有叠加对象，常用于清除页面中的提示框和弹窗。

6. Open Link（打开链接）

可以在原型中打开自定义的外部链接，选择该动作后需要输入外部链接的地址。其常被用于打开外部链接或访问在原型中不可使用的资源。

3.3.6　动画

在交互细节面板中，动画只有在非即时状态下，才可以使用缓动效果。

动画不仅可以在页面切换时构建平滑的过渡效果，还能定义动画的方式，如放大图片、在页面之间进行滑动等。

❖ 步骤01　单击原型连接，打开交互细节面板。

❖ 步骤02　单击交互细节面板中"Animation"（动画）下的"Instant"（即时），将展开动画列表，如图 3-92 所示。

图3-92　动画列表

1. Instant（即时）

当在热区触发了交互动作时，页面会立刻进行响应。Figma将其设为默认的交互动画。

2. Dissolve（溶解）

溶解动画可将顶层画框渐变为目标画框。选择该动画后，可以设置动画的持续时间和缓动效果。

3. Smart Animate（智能动画）

智能动画会将交互前后两个图层中的对象进行匹配，匹配后相同的对象可在页面过渡过程中完美衔接在一起。这在 3.3.10 小节中会详细说明。选择该动画后，可以设置动画的持续时间和缓动效果。

4. Move In（移入）

将目标画框移入当前的初始画框中。选择该动画后可设置画框移入的方向、时间和缓动效果。

5. Move Out（移出）

移出指将当前画框从目标画框上方移出去。选择该动画后可设置画框移出的方向、时间和缓动效果。

6. Push（推动）

目标对象在移入的同时会将初始画框推出去。选择该动画后可设置画框推出的方向、时间和缓动效果。

7. Slide In（滑入）

滑入类似推动，在新画框滑入的过程中，原始画框整体会变暗并滑出屏幕。选择该动画后可设置画框滑入的方向、时间和缓动效果。

8. Slide Out（滑出）

滑出指原始画框从新画框的上方滑出屏幕。选择该动画后可设置画框滑出的方向、时间和缓动效果。

3.3.7 构建完善的交互原型

一个完善的交互原型需设置连接、触发、动作和缓动动画。

1. 建立连接

连接一般包含 3 个部分，如图 3-93 所示。

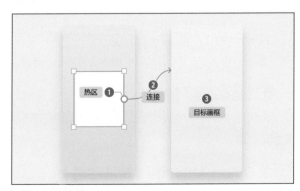

| 图3-93 连接

热区：与用户进行互动的区域，可以是顶层画框或画框中的对象，常见的热区有按钮、导航栏、信息卡片、图标和模块标题等。

连接：连接也叫原型连接，是一条将热区指向目标画框的带箭头的线，交互和动画都是通过原型连接来确定的。

目标画框：其为原型连接所指向的目标画框，且必须是顶层画框。

2. 调整触发

添加原型连接后，选择已创建热区的对象，单击该热区的原型连接后，页面右侧将出现"Interaction Details"（**交互详情**）面板。

我们可以使用的触发方式如下。

On Tap（单击）。　　　　　　　　　Mouse Enter（鼠标指针进入）。

On Drag（拖动）。　　　　　　　　　Mouse Leave（鼠标指针离开）。

While Hovering（当悬停时）。　　　　Touch Down（触摸按下）。

While Pressing（当按下时）。　　　　Touch Up（触摸离开）。

Key/Gamepad（键盘/游戏手柄）。　After Delay（延迟触发）。

多种交互动作

在选中要创建连接的热区后，单击"Interactions"（**交互**）面板右侧的添加按钮⊞可为同一热区创建多种交互动作，如图 3-94 所示。

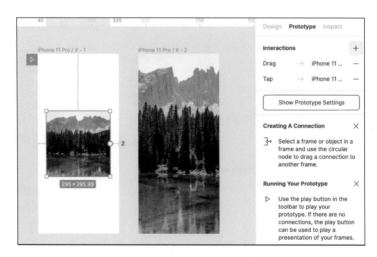

图3-94　同一热区的多种交互动作

3. 调整动作

在设置完触发后，Figma 会默认将"Navigate To"（**导航到**）对应的页面作为初始动作，单击"Navigate To"（**导航到**）可将其修改为如下动作。

Open Overlay（打开叠加）。　　　　　　Close Overlay（关闭叠加）。

Swap With（切换到）。

Open Link（打开链接）。

Back（后退）。

4. 设置缓动动画

确定了触发方式和目标画框后，我们就需要设置合适的动画，动画的设置如图 3-95 所示。

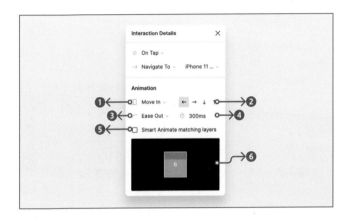

图3-95　设置动画

（1）调整动画类型

默认的动画为 Instant（即时），可将其切换为如下动画。

Dissolve（溶解）。

Push（推动）。

Smart Animate（智能动画）。

Slide In（滑入）。

Move In（移入）。

Slide Out（滑出）。

Move Out（移出）。

（2）选择动画的方向

部分动画类型可设置方向，具体内容可在 3.3.6 小节中进行了解。

（3）调整动画的缓动效果

缓动可控制起始帧到目标帧的过渡速度，可自定义或使用默认的缓动效果。

Linear（线性）。

Ease In Back（开始回动）。

Ease In（缓入）。

Ease Out Back（结束回动）。

Ease Out（缓出）。

Ease In And Out Back（前后回动）。

Ease In And Out（缓入缓出）。

（4）设置动画的持续时间

动画的持续时间指的是完成本次缓动动画所需的时间，时间范围为 1ms ~ 10000ms（10s）。

（5）固定滚动位置

在两个屏幕间直接切换时保证屏幕滚动到相同的位置。

（6）查看动画预览

将鼠标指针移入预览区，将会显示对应时间内的动画效果。

3.3.8　固定滚动位置

为了保证交互的真实性，在单击屏幕下方的一些下拉按钮时需要保证目标页面的滚动位置和当前页面相同，而不是僵硬地将两个页面进行切换，所以需要为交互对象开启"Preserve scroll position"（**固定滚动位置**）。

支持固定滚动位置的动画有即时和溶解，智能动画默认开启了固定滚动位置。

◈ 步骤01　"Text 1"和"Text 2"为宽与高相同的两个画框，交互动作为单击蓝紫色色块转到另一个画框，同时勾选蓝紫色色块交互详情面板中的固定滚动位置复选框，如图 3-96 所示。

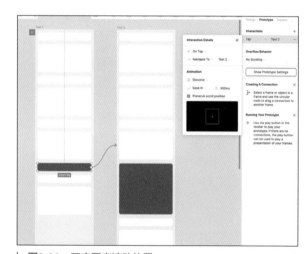

| 图3-96　开启固定滚动位置

◈ 步骤02　单击原型中的蓝紫色色块可发现屏幕的滚动位置未发生改变，如图 3-97 所示。

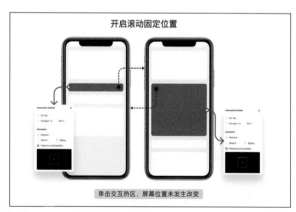

| 图3-97　固定滚动位置原型演示

步骤03 如果取消勾选"Text 1"交互详情面板中的固定滚动位置复选框，单击"Text 1"交互热区后，页面中将会展示"Text 2"未滚动的样式，如图 3-98 所示。

图3-98　关闭固定滚动位置

固定滚动位置功能在水平滚动中同样适用。

3.3.9　溢出行为

溢出行为可让用户与超出设备尺寸或画框的内容进行交互。

溢出行为只能应用在画框上，而且画框中的内容必须超出画框的边界。

Figma 支持 3 种溢出行为："Horizontal Scrolling"（水平滚动）、"Vertical Scrolling"（垂直滚动）、"Horizontal & Vertical Scrolling"（水平和垂直滚动）。

1. 水平滚动

设置了水平滚动的画框，在保证垂直位置不变的同时，可对画框中的内容进行向左和向右的滑动或滚动。水平滚动常被用于构建 Banner、信息卡片和侧滑删除组件等。

2. 垂直滚动

设置了垂直滚动的画框，在保证水平位置不变的同时，可对画框中的内容进行向上和向下的滑动或滚动。垂直滚动常被用于较长的页面中。

3. 水平和垂直滚动

用户可以对设置了水平和垂直滚动的画框中的内容进行上、下、左、右的滑动或滚动。该功能常被用于查看地图等。

4. 应用适用溢出行为

如果要对画框应用溢出行为，画框中的内容必须超出画框边界。

步骤01 选择要设置溢出行为的画框。

步骤02 将右侧的设计面板切换为原型面板。

步骤03 打开"Overflow Behavior"(**溢出行为**)下拉菜单,可选择"No Scrolling"(**无滚动**)、"Horizontal Scrolling"(**水平滚动**)、"Vertical Scrolling"(**垂直滚动**)、"Horizontal & Vertical Scrolling"(**水平和垂直滚动**),如图 3-99 所示。

图3-99 设置溢出行为

步骤04 根据画框内容的溢出情况选择适合的溢出方式即可。

5. 调整画框边界

如果画框中的内容没有溢出画框,那么在对它设置溢出行为时 Figma 会给出错误提示。此时需要调整画框的边界。

步骤01 切换到设计模式。

步骤02 选择要调整边界的画框,如图 3-100 所示。

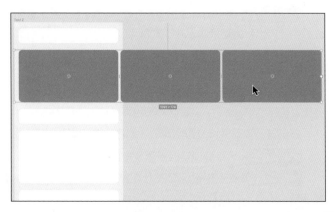

图3-100 调整画框边界1

步骤03 按住"Cmd"（Windows 为"Ctrl"）键，拖动所选画框的手柄，调整画框边界，如图 3-101 所示。

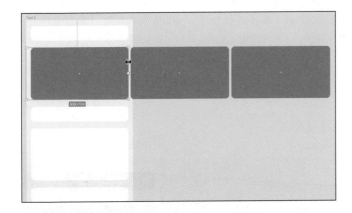

图3-101　调整画框边界2

步骤04 如果需要隐藏画框外部的内容，则需在右侧属性面板中勾选"Clip content"（**裁剪内容**）复选框，如图 3-102 所示。

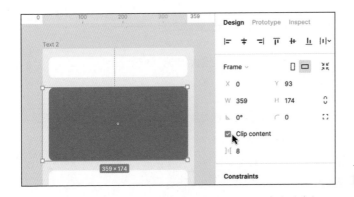

图3-102　裁剪内容

步骤05 由于当前溢出内容在水平方向上，因此可创建水平滚动的效果。将原型面板中的溢出行为切换为水平滚动即可。

6. 滚动时位置保持固定

移动端的状态栏、底部菜单栏还有部分网站的导航栏在页面滚动时位置并不会发生变化，可以在 Figma 中设置这种不随页面滚动而移动的元素。

在设置了滚动保持位置固定后，该对象将会移动到最上层。

步骤01 选择要设置保持固定位置的对象。

步骤02 在右侧设计面板中勾选"Fix position when scrolling"（**滚动时保持固定**）复选框，如图 3-103 所示。

步骤03 Figma 将会把该对象对应的图层移动到最上方的"FIXED"（固定）模块中，如图 3-104 所示。

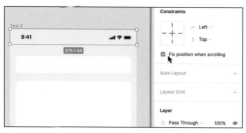

图3-103　滚动时保持固定

图3-104　固定模块

3.3.10　智能动画

Smart Animate（智能动画）可以自动匹配交互前后两个页面中的图层，并根据差异给图层设置动画。

我们可以用智能动画创建加载、视差滚动、滑块开 / 关、下拉刷新动画和展示卡片详情等。

1. 使用智能动画

有两种方法可使用智能动画：一是直接使用智能动画作为过渡效果；二是勾选"Smart Animate matching layers"（**智能动画匹配图层**）复选框，并配合使用其他交互动画。

（1）智能动画

设置交互详情时，将"Animation"切换为智能动画，如图 3-105 所示。

图3-105　选择智能动画

（2）智能动画匹配图层

若选择了移入、移出、推动、滑入和滑出动画，交互详情面板下方会出现"Smart

179

Animate matching layers"（**智能动画匹配图层**）复选框，如图 3-106 所示。当我们勾选智能动画匹配图层复选框后，Figma 会保留所选交互动画并添加智能动画。

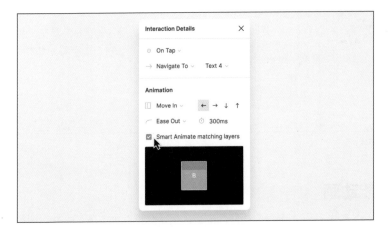

图3-106　智能动画匹配图层

如果选择了即时、溶解和智能动画，则交互详情面板下方不会出现智能动画匹配图层复选框。

2. 支持的属性

智能动画会匹配图层前后的名称、大小、位置、不透明度、旋转和填充等变化来给对象添加智能过渡效果。

（1）大小

如果交互后对象的宽度或高度发生变化，那么可看到该对象变大或缩小的过程，如图 3-107 所示。

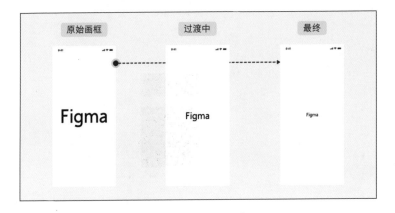

图3-107　大小智能变化

应用：转场后文字和卡片大小的改变。

（2）位置

如果交互后对象的位置（x 轴坐标和 y 轴坐标）发生变化，则将看到该对象的位移过程，如图 3-108 所示。

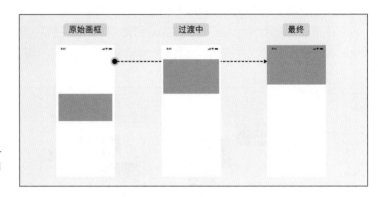

图3-108　位置自动变化

应用：切换页面时，导航栏下方选中色块的移动。

（3）不透明度

智能动画也可应用在对象交互前后不透明度的变化上，这里的不透明度调整是指在属性面板中调整对象的不透明度，而非图层的可见性调整。其常被用于智能动画前后将对象隐藏或显示。

应用：需要在交互前后显示或隐藏的对象，可让整个过程变得更加自然。

（4）旋转

可以使用智能动画创建带有旋转角度和方向的过渡动画，通过调整目标对象"Rotation"（旋转）按钮◻右侧的数值或直接在画布中调整旋转角度以实现该效果。旋转角度如果是负值，则对象会逆时针旋转。

应用：循环的加载动画、展开 / 关闭按钮。

（5）填充

填充也可应用在智能动画中，Figma 支持纯色、渐变或图像之间的智能过渡动画。

应用：创建切换页面后整体色调改变的效果、开关按钮。

3. 不支持的操作

如果智能动画交互前后调整了对象的阴影、形状或格式等属性，则该对象的这些属性将会通过溶解动画进行过渡。

智能动画交互前后新增和删除的对象或图层，将会通过溶解动画进行显示或隐藏。

交互前后没有改变任何属性的对象，Figma 将不会给它们添加任何效果，如状态栏和底部的导航栏。

3.3.11 叠加原型

原型设计中的部分交互会用到叠加层，如弹窗、提示框、侧边栏、面包菜单和弹出屏幕键盘等。用户需停留在当前画框上来查看更多的信息或进行交互。

进行叠加动作时，Figma 会保持当前画框不变，将叠加部分显示在当前画框的上方。

下面通过"删除照片弹窗"的例子来介绍如何构建叠加原型，先打开随书附赠资源中的"第 3 章　学习文件"，选择"3.3.11　叠加原型 - 无交互"页面，如图 3-109 所示。

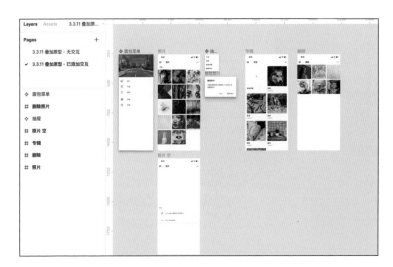

图3-109　叠加原型

❖ 步骤01 将属性面板切换到"Prototype"（原型）。

❖ 步骤02 单击"照片"画框右侧的⊡按钮，单击原型点，并拖动原型将其连接到要成为叠加层的"抽屉"画框上，如图 3-110 所示。

❖ 步骤03 在交互详情面板中设置触发动作。将"Navigate to"（导航到）改为"Open Overlay"（打开叠加），叠加层的左上方将会出现叠加图标⊡，如图 3-111 所示。

图3-110　创建叠加原型1

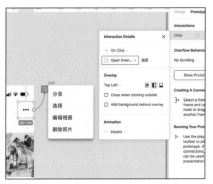

图3-111　创建叠加原型2

◈ 步骤04 交互详情面板中将会出现"Overlay"（叠加层）的属性，如图3-112所示。

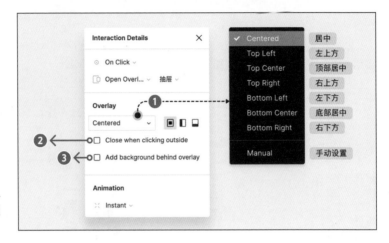

图3-112 设置叠加层的属性

可以对叠加层进行以下操作。

① **位置**：调整叠加层在当前画框中的位置，可快速在7个默认选项中选择，也可以手动设置，若进行手动设置，叠加层将会出现在当前画框中，可对其进行位置调整，如图3-113所示。

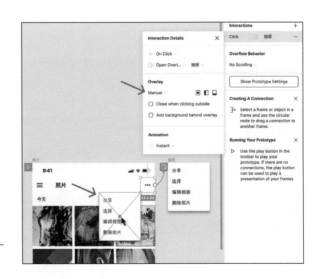

图3-113 设置叠加层位置

② Close when clicking outside（**单击外部时关闭**）：勾选该复选框后，若用户单击叠加层外的位置将会关闭叠加层。

③ Add background behind overlay（**给叠加层后方添加背景**）：勾选该复选框后，可在叠加层的后方添加自定义背景色，其常被用来设置带有不透明度的颜色。

❖ 步骤05 设置叠加层属性。手动调整叠加层的位置；勾选单击外部时关闭复选框和给叠加层后方添加背景复选框，并将叠加层的背景色调整为不透明度为 5% 的黑色，如图 3-114 所示。

❖ 步骤06 调整动画部分。将动画设置为"Move In"（移入），方向为从右向左，缓动效果为缓入缓出，时间调整为 300ms，如图 3-115 所示。

| 图3-114 调整叠加层

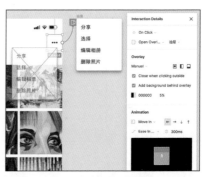

| 图3-115 调整叠加层的动画

❖ 步骤07 创建"删除照片"的确认叠加层弹窗。由于确认弹窗一般出现在屏幕中间，因此将叠加层的背景色调整为不透明度为 25% 的黑色，叠加位置为居中，如图 3-116 所示。

❖ 步骤08 为了实现流畅的交互效果，单击"删除照片"的原型点，并拖动原型将其连接到"照片空"画框上。选中"删除照片"弹窗中的"取消"，将其拖动到右上角的关闭叠加层图标⊠上，如图 3-117 所示。

| 图3-116 在叠加层上创建叠加层

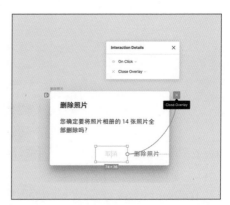

| 图3-117 关闭叠加层

❖ 步骤09 单击演示按钮▷，在新页面中查看原型。

实战：创建叠加层

打开随书附赠资源中的"第3章 学习文件"并选择"3.3.11 叠加原型 - 无交互"页面，利用前面所学的方法给照片、专辑和删除等页面添加叠加页面与面包菜单，并为面包菜单中的照片、专辑和删除创建原型连接。

创建完成后可参考本小节的内容对自己的原型进行调整。

3.3.12 分享原型

原型创建好后，可以分享原型链接给其他人。原型的地址和设计文件的地址相似，如图 3-118 所示。

图3-118 原型和设计文件地址的对比

在原型演示页面中单击工具栏右侧的"Share Prototype"（分享原型）按钮，打开原型分享设置面板，如图 3-119 所示。

图3-119 原型分享设置面板

可以在原型分享设置面板中进行以下操作。

① 邮件邀请：输入邀请人的电子邮箱，在右侧可设置该邀请人是否拥有编辑权限。

② 默认为"Anyone with the link"（**知道链接的任何人**），可切换为"Only people invited to this file"（**仅邀请查看文件的人**），以防止链接分享后所有人都可以通过链接访问设计文件。

③ 通过"原型链接"或"被邀请"的注册用户的头像与名称将会出现在这里，打开右侧的下拉菜单，可选择"owner"（**转移文件所有权**）、"can edit"（**可编辑**）、"can view"（**可查看**）和"remove"（**移除**）。

④ 单击"Copy link"（**复制链接**），可复制原型链接。

⑤ 单击"Get embed code"（**获取嵌入代码**），打开包含嵌入代码的弹窗，如图 3-120所示。

图3-120 原型的内嵌代码

原型的内嵌代码可嵌入任何支持自定义 HTML 的页面中，嵌入代码的页面也会跟随设计文件实时更新。

3.3.13 在移动设备上查看原型

在移动设备中可以用浏览器或 Figma Mirror App 来查看原型。

为了保证原型体验的真实性，通常使用手机浏览器来查看响应式网站的原型。如果是 Android 或 iOS 原型设计，则使用 Figma Mirror App 来查看原型。

可参考 1.1.5 小节给自己的手机安装 Figma Mirror App。

1. 手机浏览器

◈ 步骤01 在原型演示页面中复制原型链接。

◈ 步骤02 将复制的原型链接粘贴到手机浏览器中。

◈ 步骤03 Figma 会自动将原型等比缩放到适合手机屏幕的大小。

◈ 步骤04 直接在原型中进行交互。

2. Figma Mirror

使用 Figma Mirror App 可模拟真实的软件使用环境。

在 1.1.6 小节中已经详细介绍了用 Figma Mirror App 预览原型的方法。

3.3.14 给原型添加评论

用户在打开原型链接后，可以直接在原型中留言。设计者也可以对留言进行恢复。

1. 添加评论

步骤01 在登录状态下打开原型演示页面。

步骤02 跳转到要添加评论的页面。

步骤03 单击工具栏中的"Add Comment"（添加评论）按钮回进入评论模式，也可以按"C"键。

步骤04 评论模式下鼠标指针将变成 。

步骤05 单击原型中要添加评论的位置，在输入框中添加评论后单击"Post"（发布）按钮，如图 3-121 所示。

图3-121 添加评论

步骤06 再次单击添加评论按钮回或按"Esc"键可退出评论模式。

2. 回复评论

步骤01 单击添加评论按钮回进入评论模式。

步骤02 单击评论位置，在输入框中输入回复内容。可以在输入框中 @ **作者**并添加表情符号，如图 3-122 所示。

图3-122 添加回复

步骤03 单击"Reply"（回复）按钮将发布留言。

3. 将评论设置为已解决

步骤01 在完成相关设计工作后，可以单击评论框右上角的"Resolve"（解决）按钮。

步骤02 Figma 将会删除该评论对应的图标。

如需查看已解决的评论，可在评论模式下选择评论右侧下拉菜单中的"Show resolved comments"（**显示已解决的评论**），如图 3-123 所示。

图3-123　显示已解决的评论

3.4　导出

我们不仅可以分享设计和原型链接，也可以将所选内容导出为 PNG、JPG、SVG 或 PDF 文件。

3.4.1　导出PNG、JPG、SVG或PDF文件

在Figma中可通过切片工具或添加导出两种方法导出 PNG、JPG、SVG 或 PDF 文件。

1. 使用切片工具导出文件

使用切片工具，可在不改变原始对象的情况下，自定义导出对象的特定区域。

步骤01 打开要导出的文件，将导出对象移动到屏幕中央，如图 3-124 所示。

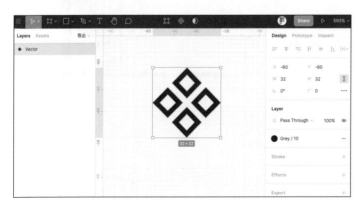

图3-124　打开要导出的文件

步骤02 在工具栏中单击画框工具右侧的下拉按钮，选择"**Slice**"（**切片**），如图 3-125 所示。

步骤03 此时鼠标指针将变为十字形，在画布上框选要导出为切片的部分，框选后可自定义切片的大小。我们可导出该对象的左侧部分，如图 3-126 所示。

| **图3-125**　选择切片工具

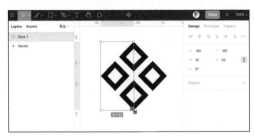

| **图3-126**　调整切片大小

步骤04 选中该切片图层，单击"**Export**"（**导出**）右侧的⊞按钮可添加导出选项，Figma 默认会创建 1x（1 倍）大小的切片，如图 3-127 所示。

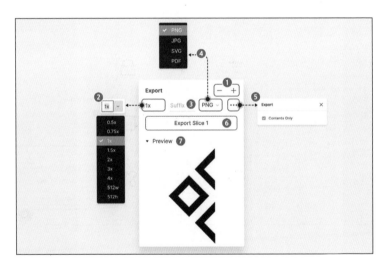

图3-127　添加导出选项

我们先来了解下图 3-127 中的导出选项。

① 单击⊟或⊞按钮可删除或增加导出的切片数量。

② 尺寸设置：打开下拉菜单可选择导出比例，也可直接在输入框中输入导出尺寸的倍数或比例，值后面的 x 代表倍数，值后面的 w 为固定宽度，值后面的 h 为固定高度。

③ 在"**Suffix**"（**后缀**）输入框中输入的文本将会添加到切片名称的末尾。这在导出 iOS 切片时较为常用，若切片名称为 help，尺寸设置为 3x，可在后缀输入框中添加 @3x，再将格式设置为 PNG，则导出后的文件名称将会是 help@3x.png。

④ 单击 PNG 右侧的下拉按钮⊡可切换导出的格式，Figma 支持 PNG、JPG、SVG 和 PDF 等格式。

⑤ 勾选"Contents Only"（**仅内容**）复选框后，可导出切片和对象所在图层的内容。

⑥ 导出文件：单击 Exports 按钮可将切片导出到本地。

⑦ 单击"Preview"可展开或关闭切片预览，如果有多个切片将默认预览最下方的切片。

2. 直接导出文件

该方法用于导出创建的图层对象，也就是不需要对它进行二次调整的对象。

步骤01 选择要导出的图层。

步骤02 单击"Export"（**导出**）右侧的⊞按钮，并设置导出文件的属性和大小。

步骤03 单击导出按钮，可将切片导出到本地。

3. 批量导出文件

要使用批量导出功能，需提前给导出对象创建导出配置，如图 3-128 所示。

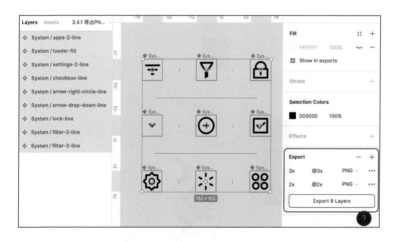

图3-128 批量导出文件

批量导出功能只能导出当前页面中的文件。

步骤01 打开已有导出配置的页面。

步骤02 打开文件名称右侧的下拉菜单，选择"Export"（**导出**），如图 3-129 所示。

批量导出的快捷键如下。

macOS Cmd+Shift+E　　Windows Ctrl+Shift+E

步骤03 导出窗口中将显示所有将要导出的对象，我们可以预览导出的文件、查看文件尺寸和取消部分文件的导出，如图 3-130 所示。

图3-129　批量导出

图3-130　导出预览

步骤04 单击"Export"（导出）按钮即可将所选文件导出到本地。

3.4.2　图标切片的命名规则推荐

作为专业的设计师，在对图层、切片、组件和样式命名时要有一套规则。规则的命名不但可以方便我们进行后期维护，在与团队成员协作时，也可以减少很多沟通成本。

> **❗温馨提示**
>
> 　　这里介绍的只是多种命名规则中的一种，因为命名规则并不是一成不变、多平台共用的，而是根据自身产品结构和前端工程人员一同确定的。

1. 导出切片时要注意的一些事

切片名称范围：所有 Web、iOS 和 Android 的切片名称都支持大小写字母、数字和英文下划线"_"，为保证全平台的兼容性，我们在命名时就只用大小写字母、数字和英文下划线"_"即可，不要使用汉字、空格和其他特殊字符进行命名。

切片格式：如果对象为图标，我们通常将其导出为 SVG 格式的文件。

切片所在的画布大小：Web、iOS 和 Android 的设计都在 1 倍尺寸的画框上完成。例如 Web 画框尺寸为 1440px×1024px，iOS 为 375px×812px，Android 为 360px×640px。这样可快速导出 2 倍、3 倍尺寸的图片。

2. Web切片命名推荐

（1）位图文件命名规则：**格式 _ 位置 _ 功能 _ 大小** .png

例如 img_HomeTop_Banner1_340x210.png。

（2）矢量文件命名规则：**ic_ 大小名称** .svg

例如 ic_24Close.svg。

3. iOS切片命名推荐

位图文件命名规则：位置 _ 类型 _ 状态 @ 倍数 .png

例如 Home_playFill_normal@2x.png。

在导出 iOS 切片时，需要添加 @2x（2 倍图）、@3x（3 倍图）后缀来说明其尺寸大小。例如我们在尺寸为 375px×812px 的 iPhone 11 画框上创建了名为"Home playFill normal"的图形，如需导出该图片进行 iOS 开发，则需要将导出图片的倍数设置为 2x 和 3x，并为它们添加 @2x、@3x 后缀。

4. Android切片命名推荐

位图文件命名规则：位置 _ 类型 _ 状态 .png

例如 Home_playFill_normal.png。

在导出 Android 切片时，需预先创建 3 个文件夹，名称分别为 xhdpi、xxhdpi 和 xxxhdpi。xhdpi 文件夹放 2 倍切片，xxhdpi 文件夹放 3 倍切片，xxxxhdpi 文件夹放 4 倍切片。Android 切片 3 个文件夹下的文件名称需保持一致。

第4章
社区

　　Figma 社区是设计师或开发者发布自己的设计和插件的地方，我们可以在社区中下载插件、关注喜欢的设计师或下载并查看发布到社区中的设计文件。

　　如果想在社区中发布插件或设计文件，需在 Figma 官网申请加入"Figma Community Beta"。

本章内容

4.1 插件

插件是软件的扩展程序，Figma 中的插件大部分由第三方人员根据 Figma 插件的开发要求创建。本节主要讲解插件的安装、使用和管理等知识，如果你对插件的开发感兴趣，可在 Figma 官网中进行了解。

值得注意的是，Figma 插件必须在设计编辑模式下才可以运行，而且我们每次只可以使用一款插件。

4.1.1 查找并安装插件

1. 查找插件

在查找插件前，请确保你已登录了自己的 Figma 账户。

步骤01 在主页单击"Community"（社区）可进入社区，如图 4-1 所示。

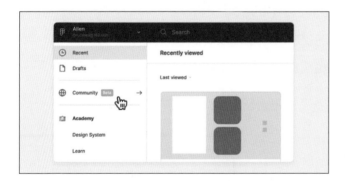

图4-1 社区入口

步骤02 社区将默认展示"Explore"（探索）列表，向下滑动页面可看到"Plugins"（插件），单击可查看所有插件，如图 4-2 所示。

图4-2 查看插件

194

◈ 步骤03 可以在顶部搜索框中搜索插件名称，搜索后单击"Plugins"（插件）可筛选出对应插件，如图 4-3 所示。

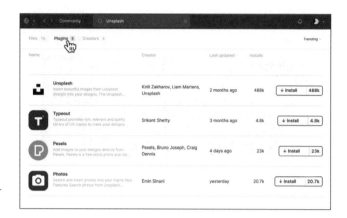

图4-3　搜索插件

2. 查看并安装插件

单击插件名称可访问该插件的详情页面，如图 4-4 所示。

图4-4　插件详情页

① 单击"Likes"（喜欢）按钮♡，可以将该插件添加到喜欢列表，以便从我的页面中快速查看该插件。

② 单击"Install"（安装）按钮，将插件添加到自己的账户中后，该按钮将变为"Installed"（已安装），如图 4-5 所示。

图4-5 安装插件

③ 插件的介绍。

④ 插件更新记录，插件如果有新版会自动更新。

⑤ 发布插件的人员或机构。

4.1.2 在编辑器中使用插件

由于每款插件的使用方式都不相同，例如插件"Remove BG"在运行时需要选中一张图片；插件"Autoflow"在运行时需先选中一个对象，然后按住"Shift"键，再单击一个对象。建议在安装插件时阅读插件的介绍。

1. 运行插件

请提前安装好上一小节提到的 Unsplash 插件。

❖ 步骤01 打开随书附赠资源中的"第 4 章 学习文件"并选择"4.1.2 在编辑器中使用插件"页面，下面使用 Unsplash 插件为画框中的方块自动填充艺术类型图片，如图 4-6 所示。

图4-6 使用Unsplash插件

步骤02 单击▤按钮，依次单击"Plugins"（插件）>"Unsplash"，如图 4-7 所示。

图4-7　打开插件

步骤03 此时将会打开该 Unsplash 插件的操作弹窗，选中照片画框中的所有正方形，然后单击插件中的 art 来填充艺术照片，如图 4-8 所示。

图4-8　使用插件填充照片

步骤04 完成后单击插件右上角的关闭按钮即可。

步骤05 如果想打开运行的最后一个插件，可以单击▤按钮，依次选择"Plugins"（插件）>"Run Last Plugin"（运行最后一个插件），快捷键如下。

macOS　Option+Cmd+P　　　　Windows　Alt+Ctrl+P

⏻温馨提示

　　打开插件的另一种方法为用鼠标右键单击画布中的任意位置，依次选择"Plugins"（插件）> 安装的插件的名称。

2. 属性面板中的插件

插件工程师可以将插件信息附加到文件、图层、图片或其他对象上，当我们选择这些对象后可以在右侧属性面板中看到它们使用的插件，如图 4-9 所示。

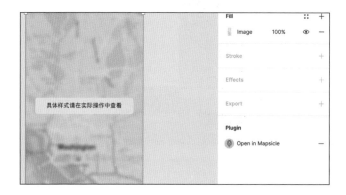

图4-9　使用了插件的图片

图 4-9 中的填充就使用了插件 Mapsicle 来填充地图。当我们选中该图层后，在属性面板的插件模块中可看到插件 Mapsicle。

3. 运行文件属性面板中的插件

单击属性面板中的插件名称可以运行该插件。如果你没有安装属性面板中的插件，Figma 会给出安装提示，如图 4-10 所示。

图4-10　安装插件提示

如果不想让插件出现在属性面板中，可以单击插件名称右侧的"Remove"（移除）按钮⊟。

4.1.3　管理插件

本小节将介绍如何查看、卸载已安装的插件。

1. 查看已安装的插件

社区中安装的所有插件都可在账户的插件选项卡中查看。

⊗ 步骤01 单击 Figma 左上角的用户图标。

⊗ 步骤02 选择"**Plugins**"（**插件**）选项卡，"**Installed**"（**已安装**）下面将展示当前账户安装的所有插件，如图 4-11 所示。

图4-11　已安装的插件

2. 卸载插件

如果你不想使用某款插件，可以将它从当前账户的插件目录中卸载。卸载的插件可以从社区中再次安装。

⊗ 步骤01 打开插件页面。

⊗ 步骤02 在已安装列表中单击要卸载的插件名称右侧的卸载按钮□，如图 4-12 所示。

单击已安装的插件的名称，可打开该插件的详情页。在插件详情页中，将鼠标指针移至右上角的"**Installed**"（**已安装**）按钮上，该按钮将变为"**Uninstall**"（**卸载**），单击该按钮即可卸载插件，如图 4-13 所示。

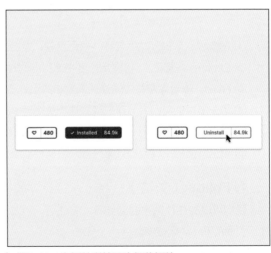

| 图4-12　卸载插件　　　　　　　| 图4-13　在插件详情页中卸载插件

4.2 社区

在社区中，我们可以进行以下操作。

① 下载并使用社区中的设计文件。

② 按 Explore（探索）、名称、关注和类型等类别浏览设计文件和插件。

③ 安装社区中的插件。

④ 关注喜欢的设计师。

⑤ 将不错的插件或设计文件标记为"喜欢"。

4.2.1 浏览社区

在 Figma 主页面中单击"Community"可打开社区页面，如图 4-14 所示。

图4-14 访问社区页面

① 搜索栏：可输入文件名称、插件名称、发布者名称和标签名称进行搜索。

② Explore（探索）：将显示社区中流行的文件或插件资源。

③ Feed：查看你所关注的设计师发布的设计资源。

④ 单击其中的类别名称可快速筛选相关资源。

⑤ 单击 Files 和 Plugins 可快速筛选对应的资源。

⑥ 单击下面的文件或插件可访问对应文件或插件的详情页。

1. Follow（关注）

我们可以关注社区中的创作者，关注后，他发布到社区的所有文件都会显示在你的社区页面的 Feed 标签中。

◈ 步骤01 在社区中，单击文件下的用户名称或头像，如图 4-15 所示。

◈ 步骤02　打开该用户的社区页面，如图 4-16 所示。

图4-15　单击用户头像

图4-16　用户页面

◈ 步骤03　单击左侧的"Follow"（关注）按钮，可关注该用户。

当然，我们也可以直接搜索该用户，在搜索结果中进行关注，如图 4-17 所示。

图4-17　搜索用户

2. Likes（喜欢）

我们可以将文件和插件添加到喜欢列表。

在社区主页中，单击插件或文件右下角的喜欢按钮♡，可将该插件添加到喜欢列表。
再次单击喜欢按钮♡，可取消喜欢，如图 4-18 所示。

图4-18　喜欢

4.2.2　使用社区文件

社区中的文件是设计师将自己的设计文件同步到社区中的快照（可以理解为设计文件在某个时间点的复制品），后续设计师可以继续用更新的设计文件覆盖当前设计文件，所以说将文件添加到喜欢列表会更方便我们找到它。

要使用社区中的文件，我们可以进行以下操作。

① 获得 UI 设计规范，如苹果公司的 iOS UI Kit、谷歌公司的 Material Design 和微软公司的 Microsoft Fluent 等。

② 使用现有模型构建自己的设计模型，寻找新的设计灵感。

③ 通过官方发布的文件学习 Figma 的新功能。

1. 查找并复制某个社区文件

下面通过在社区中查找"iOS 14 UI Kit"这个例子，介绍如何在社区中找到自己想要的设计文件。

〔❖ 步骤01〕在 Figma 中打开社区页面。

〔❖ 步骤02〕单击页面顶部的 **"Search the Figma Community"**（**搜索 Figma 社区**），输入"iOS 14 UI Kit"后按"Enter"键查看搜索结果，如图 4-19 所示。

图4-19　在社区中搜索文件

① 单击搜索栏下方的"Files"（文件），可筛选出文件。

② 单击文件右下角的喜欢按钮♡，可以将该文件添加到喜欢列表。

③ 单击文件右下角的复制按钮▣，可以将文件复制到"Drafts"（草稿）中。

〔❖ 步骤03〕单击第一个文件底部的复制按钮▣，将文件复制到草稿中。单击下载按钮后，页面底部会出现保存提示和"View"（查看）按钮，如图 4-20 所示。

图4-20　将文件复制到草稿中

步骤04　在提示未消失前，单击"View"（查看）按钮可打开复制到草稿中的设计文件。

2. 查看社区中的文件

访问文件主页的方法和访问插件主页的方法相同，在社区中，单击文件名称或图片可访问该文件的详情页，如图 4-21 所示。

① 设计文件的名称。

② 喜欢：用于将文件添加到喜欢列表。

③ 用于将文件复制到草稿。

④ 当前文件的详情。

⑤ Remixes（混搭）：使用当前文件的副本进行二次设计后，再将设计的文件发布到社区。

⑥ 当前文件的发布者。

⑦ 标签：可以通过标签搜索到当前文件。

⑧ 分享：可以通过链接分享文件或直接将文件分享到 Twitter 或 Facebook。

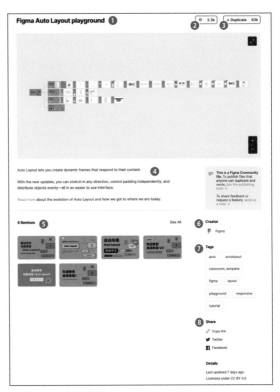

图4-21　文件详情页

4.2.3　构建自己的社区页面

个人社区页面上显示了你分享到社区的文件和插件，任何人都可以下载并使用你发布的文件和插件。

可通过设置个人社区**页面的地址**和**基础信息**（头像、说明、背景图片和社交账号等）来构建自己的社区页面。

1. 设置自己的页面地址

每个账号都可以设置自己的页面地址，页面地址的设置是有一定规则的，如图 4-22 所示。

图4-22　个人社区页面的地址

◈ 步骤01 打开 Figma 主页面，单击自己的名称，然后切换到**设置**页面。

◈ 步骤02 "Public Profile"（**公开个人资料**）下会显示你当前的页面地址的后缀，单击"Set profile handle"（设置轮廓手柄，可理解为设置自己页面地址的后缀）。

◈ 步骤03 在弹窗的输入框中输入自己想要的后缀，如图 4-23 所示。

图4-23　设置个人社区页面地址的后缀

◈ 步骤04 输入后单击"Change Handle"（改变手柄）按钮，如果输入的名称已经被使用，则 Figma 会提示你重新输入。

◈ 步骤05 提交成功后，可以重新编辑自己的名称和地址，如图 4-24 所示。

图4-24　个人设置页面

> **①温馨提示**
> ● Figma 可以为个人、团队和组织构建社区页面，团队和组织的社区页面需付费构建，设置团队和组织的社区页面和设置个人社区页面的方法基本相同。
> ● 使用"@自定义名称"的方法可以在留言和社区中引用其他人员。

2. 管理自己的信息

◈ **步骤01** 打开 Figma 主页面，单击自己的名称。

◈ **步骤02** 单击"Public"（公开）可预览自己公开的社区信息，如图 4-25 所示。

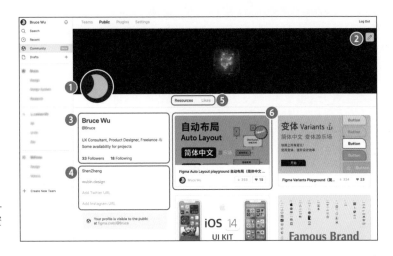

图4-25 个人资料页

我们发布到社区的文件和插件都会显示在这个页面中，在个人资料页面中也可以编辑头像、个人描述和社交信息等。

① 头像：单击头像可更改图片，尽量选择正方形的头像。

② 背景图片：单击右上角的编辑按钮 ✐，可更改背景图片。

③ 简介和关注：单击简介，可自定义简介内容。

④ 位置和链接：单击可输入位置信息，个人网站、Twitter、Facebook 地址。

⑤ 文件和插件：可切换查看自己发布的文件和插件。

⑥ 文件：自己发布到社区中的文件，信息卡片上显示的是该文件的名称、下载数量和关注该文件的人数。

第5章
团队协作

本章将介绍在Figma中如何管理团队组件库（Team Library），以及前端编程人员所需的 Inspect（检查）面板的使用方法。

本章内容

5.1　团队组件库

团队组件库的样式和组件都存储在发布它的文件中，方便我们调用。

对于要在多个文件和项目中使用的组件，我们可以先修改原始组件库的文件，然后将它更新到组件库，进而实现组件的更新。

团队组件库主要包括**组件**和**样式**，可以用它设计与品牌调性一致的界面。

组件：可以在设计中重复使用的 UI 元素，可用它来设计风格一致的品牌元素。

样式：可以应用在UI元素或对象上的属性集，我们可以用它定义颜色、文本、网格和效果。

1. 团队组件库的使用流程

① 创建适用于品牌的设计文件。

② 将该文件的样式和组件发布到团队组件库中。

③ 发布后，团队中的所有人在创建文件后，都可以使用你发布的组件库。

④ 你可以继续维护、更新该文件中的样式和组件，并可以将调整后的文件再次更新到组件库，Figma 会在详细的历史版本记录中添加你的更新记录。

⑤ 在你更新后，团队中的所有人可收到更新提示，并可将现有的应用了该文件的设计更新到最新版本。

团队组件库能让团队内的所有人访问最新版本的组件和样式。

2. 团队组件库的权限

样式：任何团队成员都可以发布样式到团队组件库。

组件：需要将团队升级到专业版，才可以在其他文件中使用团队库中的组件。

5.1.1　将组件和样式发布到团队组件库

在 3.1.4 小节中，我们已经学习了如何将样式发布到组件库中。将样式和组件一起发布到团队组件库的方法和单独发布样式的方法基本相同。

本小节将带大家学习如何将组件和样式一起发布到专业版的团队组件库中。

1. 将样式和组件发布到团队组件库中

在发布到团队组件库之前，需在文件中预先创建好样式和组件，大家可将随书附赠的资源中"第 5 章　学习文件"上传到专业版或教育版团队项目中并打开，如图 5-1 所示。

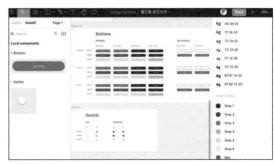

| 图5-1　拥有组件和样式的文件

207

步骤01 在"Assets"（资源）面板中单击"Team Library"（团队库）按钮回打开"Libraries"（组件库）弹窗。

步骤02 单击"第5章 学习文件"右侧的"Publish"按钮，如图 5-2 所示。

步骤03 在弹窗中可为其添加描述，如图 5-3 所示。

| 图5-2 发布到组件库1 | 图5-3 发布到组件库2

步骤04 单击"Styles and Components"可预览要发布的组件和样式，确认无误后单击发布按钮即可将其发布到团队组件库，如图 5-4 所示。

图5-4 发布的组件和样式详情

2. 协作者使用发布的组件库

步骤01 打开当前团队主页，单击右侧的"Invite Members"（邀请成员），在输入框中输入协作者名称并将其权限设置为可编辑，单击"Send Invi…"（发送邀请）按钮，如图 5-5 所示。

步骤02 发送邀请后，被邀请者的 Figma 和邮箱中将出现邀请提示，被邀请者单击"Accept"（接受）按钮即可加入团队，如图 5-6 所示。

图5-5　发送邀请

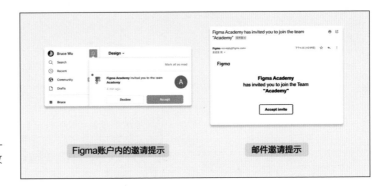

图5-6　协作者收到的邀请提示

　　此时，该邀请者将拥有团队文件的编辑权限，可使用已发布到团队组件库中的组件和样式。

5.1.2　从团队组件库中删除文件

　　如果你是该文件的创建者，那么就可以从团队组件库中删除该文件。

　　◈ 步骤01　打开对应的文件，我们以上一小节发布的"第5章　学习文件"为例。

　　◈ 步骤02　在"Assets"（资源）面板中单击"Team Library"（团队库）按钮回打开"Libraries"（组件库）弹窗，我们可以看到"第5章　学习文件"为已发布状态，如图5-7所示。

图5-7　查看已发布的团队组件库

◈ 步骤03 单击"第5章 学习文件",查看该组件库,如图 5-8 所示。

◈ 步骤04 单击"Unpublish"(取消发布)按钮。

◈ 步骤05 单击"Remove file from library"(从组件库中删除该文件)以确认删除文件,如图 5-9 所示。

| 图5-8 查看组件库

| 图5-9 从组件库中删除该文件

◈ 步骤06 该文件将会从团队组件库中删除,团队内的其他人将不会收到文件被删除的提示。

5.1.3 从已发布的团队组件库中删除部分样式和组件

对于未使用或已过时的组件和样式,我们可以将它们从团队组件库中移除。

1. 删除组件

◈ 步骤01 打开组件库对应的文件。

◈ 步骤02 打开"Assets"(资源)面板。

◈ 步骤03 展开资源面板中的每个组件集,用鼠标右键单击要移除的组件,选择"Remove from library"(从库中删除),该组件将会被移入"Private to this file"(该文件私有库)中,如图 5-10 所示。

◈ 步骤04 单击"Team Library"(团队库)按钮回,打开 Libraries(组件库)弹窗,单击"Publish 1 change"(发布 1 项变更)按钮将变更发布到团队组件库中,如图 5-11 所示。

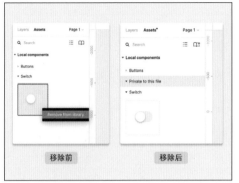

移除前　　　　　　　　　移除后

| 图5-10　移除组件 | 图5-11　将改动更新到团队组件库 |

如果想完全删除该组件或变体，可在画布中选择要完全删除的组件或变体，按"Delete"键将其删除，然后将变更发布到团队组件库。

2. 删除样式

 打开样式对应的文件，并取消选择任何对象（按"Esc"键即可）。

步骤02 在属性面板中找到要删除的样式，用鼠标右键单击该样式，选择"Delete Style"（**删除样式**），如图 5-12 所示。

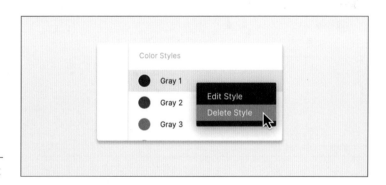

图5-12　删除样式

步骤03 将变更发布到团队组件库。

5.2　检查面板的使用

选中对象后，你和协作者都可以在"Inspect"（**检查**）面板中查看和复制所选设计对象的现有代码与值，这将大大减少设计和开发的沟通成本。

如果你是文件的拥有者，可访问页面右侧的设计、原型和检查 3 个面板，而协作者只可访问检查面板。

5.2.1　了解检查面板

1. 检查面板

为了方便理解，下面选中带阴影的文字来对检查面板进行说明，如图 5-13 所示。

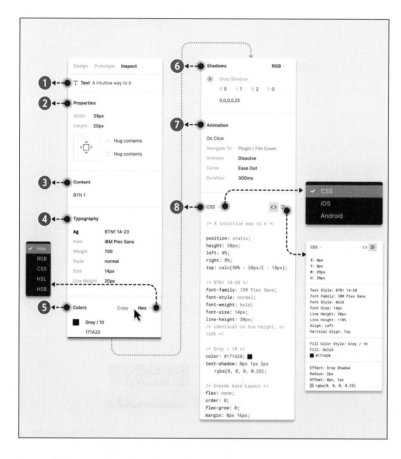

图5-13　检查面板

① 类型和值：可以是图片、文本、画框和组件等。

② 属性：显示对象的大小、位置和约束等相关信息。

③ 内容：当前文本内容。

④ 字体：显示字体类型、粗细、大小和行高等。

⑤ 颜色：单击右侧下拉按钮⊡可切换颜色的显示方式，将鼠标指针移入颜色内模块内可复制颜色的属性。

⑥ 阴影：对象的阴影属性。

⑦ 动画：包括动画的触发方式、缓动曲线和持续时间等。

⑧ 代码：单击右侧下拉按钮⊡，可切换为"CSS""Android""iOS"。

2. 在仅查看模式下查看选中的对象

为了体验该模式，我们可以再创建一个 Figma 账户，用主账户邀请新账户为"第 5
章 学习文件"的协作者，邀请时将权限设置为**"Can View"（仅查看）**。

登录新创建的账户并打开"第 5 章 学习文件"，如图 5-14 所示。

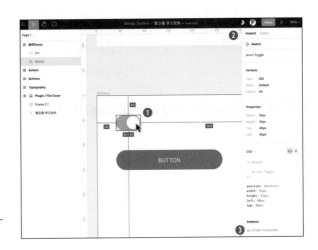

图5-14 仅查看模式

① 选择检查对象，当前对象为开关组件的实例。

② 可查看所选对象的属性。

③ 单击"Go to Main Component"（转到主要组件），页面将跳转到实例对应的组件处。

3. 在仅查看模式下导出资源

在仅查看模式下，我们可以导出画布中的任何对象。

步骤01 使用新创建的账户打开"第 5 章 学习文件"，单击属性面板中的
"Export"（导出）。

步骤02 选择开关组件后，单击属性面板中"Switch"右侧的⊞按钮，如图 5-15
所示。

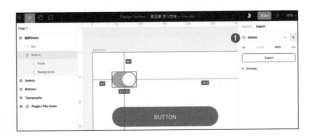

图5-15 在仅查看模式下导出资源

导出方法可在 3.4 节中进行学习。

5.2.2　观察模式

当多个协作者同时访问当前设计文件或原型时，屏幕右上方将会出现查看该文件的协作者的头像。

我们可以单击任意协作者的头像来查看他所预览的页面。我们可以看到对方的鼠标指针移动、放大／缩小窗口、编辑与设计页面等操作。

1. 在原型或设计文件中使用观察模式

在工具栏中单击协作者的头像以进入观察模式，如图 5-16 所示。

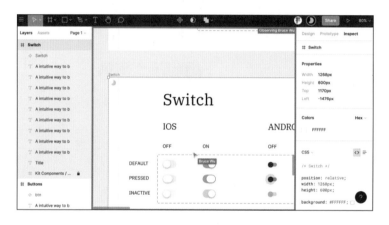

图5-16　进入观察模式

Figma 会随机给每个人分配一种颜色，从图 5-16 中可以看到当选中协作者头像后将会出现对应颜色的框，而且右上角会出现所选协作者的名称，此时紫色框中的画面将显示该协作者的文件视口，我们可实时看到对方鼠标指针的移动。

2. 退出观察模式

在观察模式下，可以通过单击该协作者的头像，在画布中选择一个对象，调整窗口大小或移动窗口来退出观察模式。

在原型观察模式中，可以通过单击该协作者的头像或直接和观察的原型发生交互来退出观察模式。

第6章
使用Figma设计页面

如果我们对某款产品的页面进行拆解，可以得到按钮、输入框、提示框等元素；继续对按钮、输入框或提示框进行拆解，将会得到文本、线条和颜色等更小的元素。这些小元素就是产品的品牌设计基因，也是该产品的设计规范。所以，如果想了解并应用某款产品的设计风格，就要将它进行拆解和重组，重组元素的过程就是创新的过程。这种将设计整体拆解到元素的方法，可以帮我们理解设计规范的构建思路。

本章借鉴 Atomic Design（原子设计）理念，带大家一起利用 Figma 设计一套包含文本、颜色、效果和布局网格的样式库，以及包含图标、按钮、输入框、信息卡片和提示框等常用元素的组件库。

页面宽度分别为 1440px（Web）、768px（iPad）和 375px（iPhone 11）。所有设计文件都在随书附赠资源的"第 6 章　学习文件"中，包括已创建好样式和组件。

本章内容

6.1　基础样式和约束规则

基础样式主要包括网格、文本、颜色和效果。如果团队中有很多人，为了尽最大可能保证多人协作的一致性，可增加间距、圆角半径、线条和各类图标大小等约束规则。

为保证布局的一致性，我们将 8px 作为基本单位。特殊情况下也可在 4px 的网格中进行设计，如一些图标和子组件。

6.1.1　布局网格样式规范

规范的布局网格可适应各类屏幕的尺寸和方向，每个布局网格包含列、沟和边距，如图 6-1 所示。

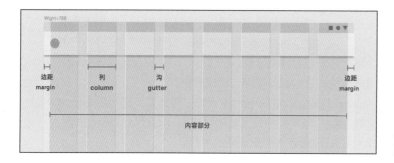

图6-1　布局网格

1. 布局网格样式规范

我们需要为 Web（1440px×900px）、iPad（768px×1024px）和 iPhone 11 Pro/X（375px×812px）的画框分别设置其包含的列数、列宽和沟的大小等，如图 6-2 所示。

布局网格 Responsive layout grid

画框大小（px）	样式名称	内容宽度（px）	列数（列）	列宽（px）	沟的大小（px）
375 x 812	Phone 4 Grid	375	4	64	30
768 x 1024	iPad 6 Grid	720	6	90	30
1440 x 900	Desktop 12 Grid	1140	12	65	30

网格为居中对齐，沟都为30px（15px的边距）

图6-2　自定义的布局网格规范

2. 视频教程

布局网格样式规范的创建和应用方法，可以用手机扫描右侧二维码观看操作演示视频。

布局网格样式规范的创建

主要步骤如下。

步骤01 创建一个宽度为 375px 的画框，可选择默认的"iPhone 11 Pro/X"。

步骤02 创建布局网格。列数为 4 列、类型为居中、沟的大小为 30px。

步骤03 将创建的布局网格添加为样式。

3. 布局网格样式预览

打开随书附赠资源中的"第 6 章　学习文件"并选择"01. Grid"页面，可查看创建好的布局网格样式规范。

在给顶层画框添加网格样式时，包含内容部分、沟与列所在部分。例如在给手机创建布局网格样式时，包含 1 列 375px 宽的内容部分和 4 列网格部分，如图 6-3 所示。

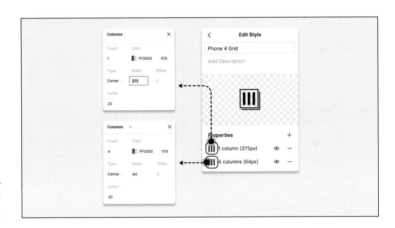

图6-3　手机布局网格样式详情

6.1.2　文本样式规范

规范的文本样式可以简单、高效地处理文本内容，每个文本样式规范包含字体、字体宽度、字体大小和间距等信息，如图 6-4 所示。

图6-4　文本样式详情

1. 文本样式规范

文本样式规范通常包括按钮、基础文字、特殊文字和 H1～H6 等一些对比较为突出的文本样式，如图 6-5 所示。

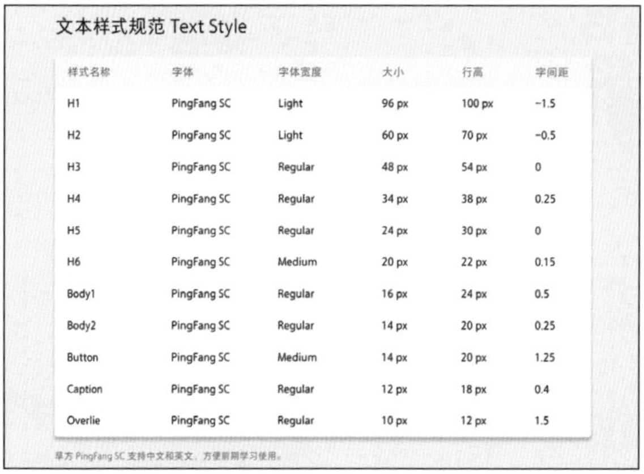

文本样式规范 Text Style

样式名称	字体	字体宽度	大小	行高	字间距
H1	PingFang SC	Light	96 px	100 px	-1.5
H2	PingFang SC	Light	60 px	70 px	-0.5
H3	PingFang SC	Regular	48 px	54 px	0
H4	PingFang SC	Regular	34 px	38 px	0.25
H5	PingFang SC	Regular	24 px	30 px	0
H6	PingFang SC	Medium	20 px	22 px	0.15
Body1	PingFang SC	Regular	16 px	24 px	0.5
Body2	PingFang SC	Regular	14 px	20 px	0.25
Button	PingFang SC	Medium	14 px	20 px	1.25
Caption	PingFang SC	Regular	12 px	18 px	0.4
Overlie	PingFang SC	Regular	10 px	12 px	1.5

苹方 PingFang SC 支持中文和英文，方便前期学习使用。

图6-5　文本样式规范

2. 视频教程

文本样式规范的创建方法，可以用手机扫描右侧二维码观看操作演示视频。主要步骤如下。

文本样式规范的创建

◈ 步骤01　新建一个文本框并自定义样式名称，如 H1。
◈ 步骤02　根据文本样式要使用的场景调整文本属性。
◈ 步骤03　将调整后的文本创建为样式。

每个网站或 App 中通常都会有多种文本样式，尽量保证所有文本样式使用相同的字体。

3. 文本样式预览

打开随书附赠资源中的"第 6 章　学习文件"并选择"02. Text"页面，可查看创建好的文本样式规范，如图 6-6 所示。

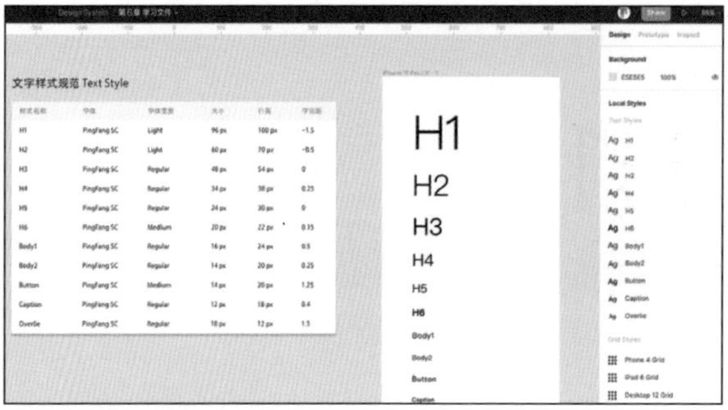

图6-6　文本样式规范列表

4. 使用文本样式

在当前文件中使用已创建的文本样式。

步骤01 选中要应用样式的文本。

步骤02 在属性面板中单击"Text"右侧的样式按钮⊞，打开文本样式列表。

步骤03 在其中选择要应用的样式，如图6-7所示。

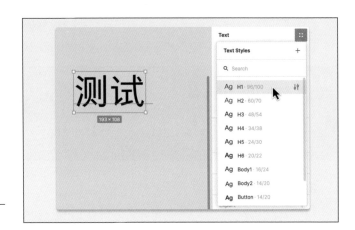

图6-7 使用文本样式

6.1.3 颜色样式规范

作为设计时的调色盘，颜色样式可帮我们给对象快速着色，在让产品调性保持一致的同时也方便后续统一调整。Figma支持创建图片、纯色、渐变等填充样式，本小节以纯色样式规范为主进行介绍。

颜色样式主要为颜色的填充样式，如图6-8所示。

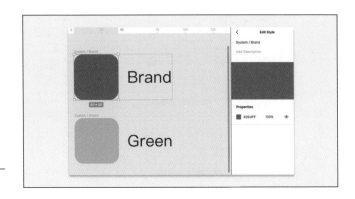

图6-8 颜色样式详情

颜色样式包括主题色、系统色，以及黑白两个模式下的背景、文本和连接等颜色样式。

1. 视频教程

颜色样式规范的创建方法，可以用手机扫描右侧二维码观看操作演示视频。
主要步骤如下。

颜色样式规范
的创建

◈ 步骤01 前期准备。确定颜色样式的色值和层级。

◈ 步骤02 创建一个 40px×40px 的矩形色块并定义其名称，将色块和名称创建为
自动布局，修改自动布局名称为颜色样式的名称。

◈ 步骤03 选中矩形色块，单击创建颜色样式按钮，将所选颜色创建为样式。

◈ 步骤04 重复步骤 02 和步骤 03 的操作，将剩余颜色都创建为样式。

⚠ **温馨提示**

　　如需给一款产品创建黑色和白色两套颜色样式，建议提前规划好颜色样式
的命名方式。例如，采用 Background-Light / 颜色功能名称、Background-
Dark/ 颜色功能名称命名方式。

---

2. 颜色样式预览

打开随书附赠资源中的"第 6 章　学习文件"并选择"03. Color"页面，可查看创
建好的颜色样式规范，如图 6-9 所示。

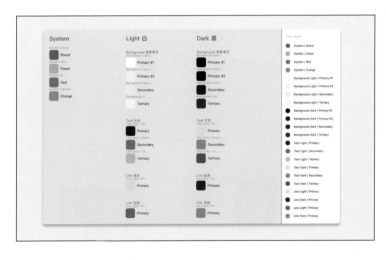

图6-9　颜色样
式规范

3. 使用颜色样式

在当前文件中使用已创建的颜色样式。

◈ 步骤01 选中要应用颜色样式的对象。

◈ 步骤02 在属性面板中单击"Text"。右侧的样式按钮⊞，打开颜色样式列表。

◈ 步骤03 在其中选择要应用的样式，如图 6-10 所示。

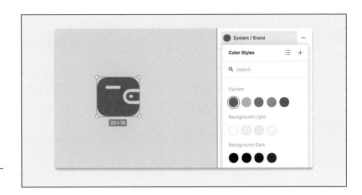

图6-10 使用颜色样式

6.1.4　效果样式规范

效果会影响产品的设计风格，例如苹果手机的背景模糊效果和 Google 手机的投影效果等，这些预设的效果贯穿对应平台的大部分产品。

在 Figma 中，效果主要包含内阴影、外阴影、图层模糊和背景模糊 4 种，单个效果样式中可以混合叠加这些效果。

UI 设计中，这些效果通常会应用在按钮、信息卡片、提示弹窗及弹窗下半部分的透明背景上。我们按使用场景创建了一些效果样式规范，如图 6-11 所示。

效果样式规范 Effects Style

样式名称	效果类型	应用场景
Button Shadows	Drop Shadow 外阴影	按钮
Card Shadows	Drop Shadow 外阴影	页面卡片
State Shadows/ Focused	Drop Shadow 外阴影	输入框、提示弹窗
State Shadows/ Hover	Drop Shadow 外阴影	输入框、提示弹窗
State Shadows/ Error	Drop Shadow 外阴影	输入框、提示弹窗
State Shadows/ Success	Drop Shadow 外阴影	输入框、提示弹窗
Background blur/ Light	Background blur 背景模糊 使用材质填充设为 rgba(255, 255, 255, 0.01)	背景遮罩、特殊卡片
Background blur/ Dark	Background blur 背景模糊 使用材质填充设为 rgba(0, 0, 0, 0.5)	背景遮罩、特殊卡片

图6-11 效果样式规范
列表

1. 视频教程

效果样式规范的创建和使用方法，可以用手机扫描右侧二维码观看操作演示视频。

效果样式规范
的创建

主要步骤如下。

步骤01　前期准备。确定效果样式的参数和参数的上下顺序（通常指同一外阴影中多个参数的上下顺序）。

步骤02 单击矩形工具，创建一个白色矩形。

步骤03 选中矩形，在属性面板中单击添加效果样式按钮，根据效果使用场景完成效果参数的设置。

步骤04 单击创建效果样式按钮，输入效果样式名称并确认。

2. 效果样式预览

打开随书附赠资源中的"第 6 章　学习文件"并选择"04. Effects"页面，可查看创建好的效果样式规范，如图 6-12 所示。

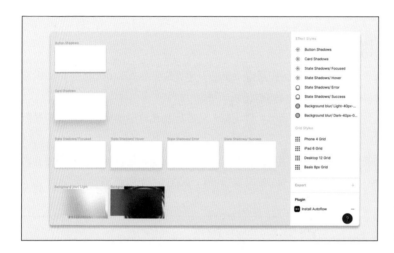

图6-12　效果样式规范预览

3. 使用效果样式

步骤01 选中要应用效果样式的对象。

步骤02 在属性面板中单击"Effects"右侧的样式按钮⊞，打开效果样式列表。

步骤03 在其中选择要应用的样式，如图 6-13 所示。

图6-13　使用效果样式

6.1.5　间距规范

间距规范可为我们设置页面中元素的距离和大小提供参考，可减少沟通成本，也可帮助前端工程师了解设计的原理。间距包括容器间距、横向间距及纵向间距，可在元素、组件和页面布局的设计中应用，如图6-14所示。

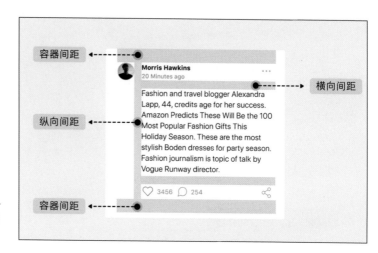

图6-14　间距应用场景

1. 间距大小规范

根据内容相关性设置元素的间距：内容相关性越强，间距越小。为了方便使用和理解，我们将16px（1rem）作为中等间距（M），如图6-15所示。

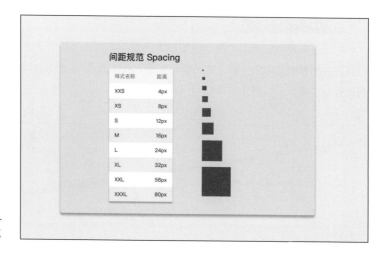

图6-15　间距规范

间距规范宁少勿多，且要简单好记，它与网格系统和文本规范的最小单位都是4px。间距规范中数字的增长曲线和斐波那契数列曲线很相似。

2. 使用间距规范

下面以登录页面为例，介绍间距规范在输入框、标题按钮等元素上的应用。打开随书附赠资源中的"第 6 章　学习文件"并选择"05. Spacing"页面，可查看间距规范的应用，如图 6-16 所示。

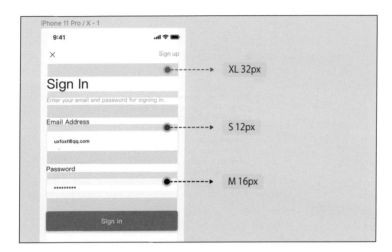

图6-16　使用间距规范

6.1.6　边界半径规范

我们通常会创建带圆角的按钮、卡片和图片等，边界半径规范可为圆角半径的创建提供参考，让同类功能组件拥有相同的圆角半径。

1. 边界半径规范

由于使用场景较少，边界半径规范也比较简单，这里共创建了 3 种边界半径规范。打开随书附赠资源中的"第 6 章　学习文件"并选择"06. Border Radius"页面，可查看边界半径规范，如图 6-17 所示。

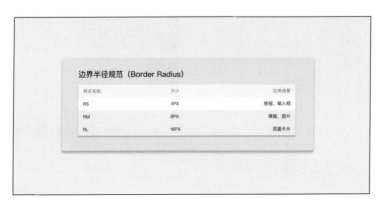

图6-17　边界半径规范

2. 使用边界半径规范

为按钮添加圆角半径。

◈ 步骤01 选中要添加圆角半径的按钮。

◈ 步骤02 在右侧的圆角半径输入框中输入 4，如图 6-18 所示。

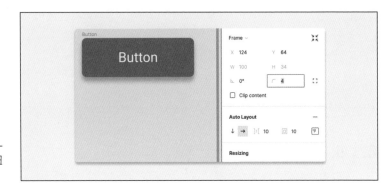

图6-18　为按钮添加圆角半径

6.1.7　线条规范

线条的粗细、长短和颜色也会影响样式的整体效果，通常可在卡片边界、输入框和模块分割处看到线条。

1. 线条规范

为了方便展示，在此只根据背景色创建了两个线条样式规范，如图 6-19 所示。

图6-19　线条样式规范

2. 使用线条规范

线条规范的使用方法有很多，可根据实际情况灵活选择。

对于输入框，我们可以给它添加宽 1px 的描边，在颜色样式规范中选择线条色。如果要在多个位置使用线条来分割主次内容，可以预先创建横、纵两种线条组件以方便

225

调用。打开随书附赠资源中的"第 6 章　学习文件",选择"07. Border"页面,可看到已创建的线条组件,如图 6-20 所示。

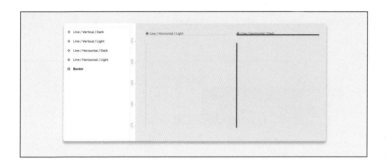

图6-20　线条组件

6.1.8　图标规范

我们需要根据产品功能设计出合适的图标。为保证一致性,同一产品页面中图标的种类、大小和配色都有相应的规则。

如果你的图标设计能力不是很强,也可以使用开源的图标库,如 Microsoft Fluent Icons、Material Icons、Remix Icon 和 Essential icons 等。

1. 图标规范

打开随书附赠资源中的"第 6 章　学习文件",选择"08. Icons"页面,可看到已创建为变体组件的 Essential icons 图标库(这里使用 Remix Icon 2.5.0 版本的图标库,可从 Remix Icon 官网中下载使用),如图 6-21 所示。

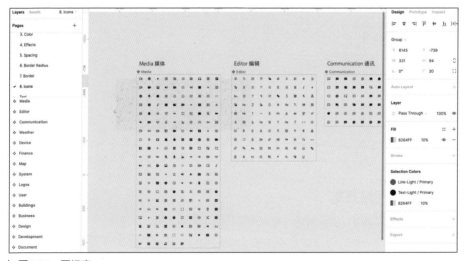

图6-21　图标库

Essential icons 图标库由 Remix Design 维护，它是一个开源项目，我们可以在产品设计中直接使用它。为了方便展示，文件中的所有图标都设置在边长为 24px 的正方形画框上。

当图标和文字一起使用时，图标的大小需要根据文字的大小进行适当的缩放，如图6-22 所示。

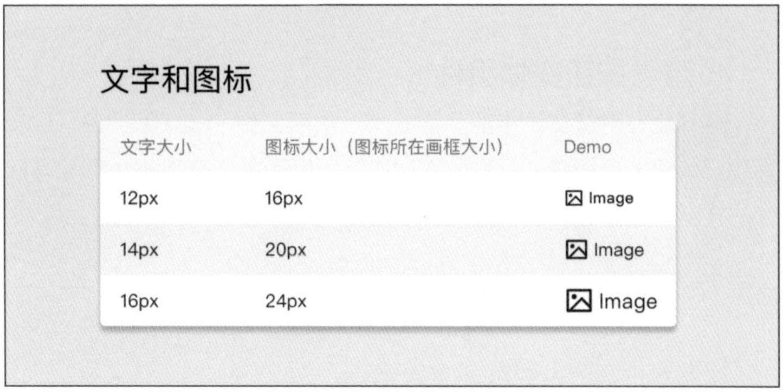

文字和图标

文字大小	图标大小（图标所在画框大小）	Demo
12px	16px	▨ Image
14px	20px	▨ Image
16px	24px	▨ Image

图6-22 文字和图标

2. 使用图标变体组件

图标变体组件的使用可以用手机扫描右侧二维码观看操作演示视频。

图标变体组件的使用

使用方法如下。

◈ 步骤01 将随书附赠资源中的"第 6 章 学习文件"发布到团队库中（需要将团队升级到教育版或专业版才可以使用）。

◈ 步骤02 在"第 6 章 学习文件"所在项目中新建一个文件，完成后开启"第 6 章 学习文件"组件库，即可在资源面板中看到所有组件。

◈ 步骤03 从左侧资源面板中拖动要使用的图标到画布中。

基础样式和约束规则并不会约束我们进行设计创新，在保证产品调性和一致性的同时，使用图标变体组件能极大地提升设计效率并减少沟通成本。

当然，这套样式并不是完美的，在设计过程中一定要结合实际项目增加可用性较强的样式并删除一些不会用到的样式。

6.2 基础组件

基础组件主要包括按钮、输入框、卡片、文字组合、提示框和导航栏等。像按钮、输入框这类有较多种类和状态的组件，建议将它们合并为变体，方便后续调用。

本节会给大家推荐一些功能较全且成熟的开源组件库，以提升设计效率。

6.2.1 按钮变体组件

常用按钮的高度通常为 24px、32px 和 40px，Web 中按钮的状态包括：Normal（正常）、Hover（移入）、Focused（聚焦）、Pressed（按下）和 Inactive（不活跃、不可单击）等。根据权重或功能分类，按钮还有主要按钮、次要按钮、幽灵按钮、图标按钮和文字按钮等。当一个组件存在多种样式时，意味着该组件的复杂程度较高，维护成本也较高。

1. 查看按钮变体组件

打开随书附赠资源中的"第 6 章 学习文件"，选择"09. Button 按钮"页面，可看到已创建的按钮变体组件，按钮上的所有颜色、文本和图标等基础元素都来自当前文件的样式和图标组件，如图 6-23 所示。

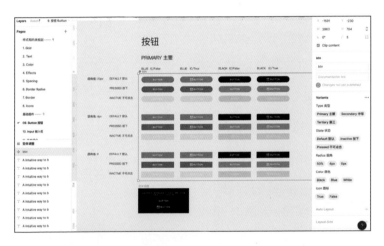

图6-23 按钮变体组件

2. 使用按钮变体组件

按钮变体组件的使用，可以用手机扫描右侧二维码观看操作演示视频。

按钮变体组件的使用

6.2.2 输入框变体组件

输入框是表单里的重要组成部分，通常包含默认、输入中、错误等状态。输入框的高度一般在 40px 以上，为了方便输入框在各个屏幕上做出响应，可以将输入框组件的调整大小规则设置为"Fill container"（拥抱内容），如图 6-24 所示。

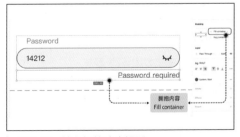

图6-24 输入框的响应规则

1. 查看输入框变体组件

打开随书附赠资源中的"第 6 章　学习文件",选择"10. Input 输入框"页面,可看到已创建的输入框变体组件,其中提供了 Light 和 Dark 两种配色,输入框的所有颜色、文本和图标等元素都来自当前文件的样式和图标组件,如图 6-25 所示。

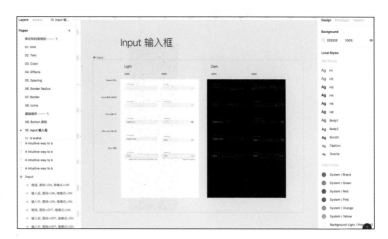

图6-25　输入框变体组件

2. 使用输入框变体组件

输入框变体组件的使用方法,可以用手机扫描右侧二维码观看操作演示视频。

输入框变体组件的使用

6.2.3　文字组合变体组件

我们通常会在网站介绍、帮助中心和模块说明等位置看到一些文字组合组件。文字组合组件中的文字大小和位置在特定视口下是固定的,我们只需更换其中的文本内容即可。搜索引擎的搜索结果页中就使用了一些文字组合组件,如图 6-26 所示。

图6-26　搜索结果页中的文字组合组件

1. 查看文字组合变体组件

打开随书附赠资源中的"第 6 章　学习文件"，选择"11. 文本组合"页面，可看到已创建的文字组合变体组件，其中提供了 Light 和 Dark 两种配色，如图 6-27 所示。

图6-27　文字组合变体组件

2. 使用文字组合变体组件

文字组合变体组件的使用方法，可以用手机扫描右侧的二维码观看操作演示视频。

文字组合变体组件的使用

6.2.4　卡片变体组件

卡片变体组件的使用范围较为广泛，例如微信中单个好友的信息卡片、电商网站中店铺或商品的入口或卡片和资讯网站中的文章详情都属于卡片，如图 6-28 所示。

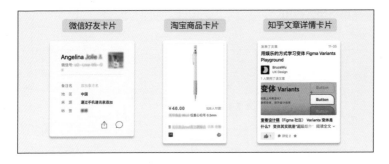

图6-28　各类卡片实例

卡片中的字段和信息由产品功能决定。

新闻：新闻名称、发布时间、简介、阅读人数和分享按钮等。

电商：商品名称、图片、价格、促销活动信息和货源地等。

理财：产品名称、股票代码、最新价格、24 小时内的涨跌幅和涨跌额等。

视频：视频封面图、视频名称、观看次数和发布时长。

在设计不同行业的卡片时，需结合产品调性和用户习惯对卡片进行布局。

1. 查看卡片变体组件

为了减小文件并方便给卡片填充必要的图片，可在颜色样式中添加头像、新闻和商品等，如图 6-29 所示。

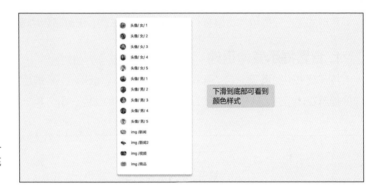

图6-29　图片填充样式

打开随书附赠资源中的"第 6 章　学习文件"，选择"12. 卡片"页面，可看到已创建的卡片变体组件，如图 6-30 所示。

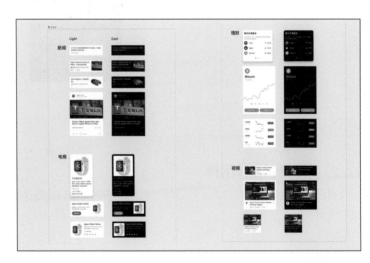

图6-30　卡片变体组件

2. 创建卡片变体组件

卡片变体组件的创建方法，可以用手机扫描右侧二维码观看操作演示视频。

卡片变体组件的创建

3. 卡片变体组件的自适应功能

学习文件中的所有卡片变体组件都已经做了自适应设置，可以用
手机扫描右侧二维码观看操作演示视频。

卡片变体组件
的自适应功能

6.2.5 提示变体组件

在和产品进行交互时，我们会收到产品给我们的交互反馈提示，如登录成功的提示、
操作错误时的提示和使用某些特殊功能的注意信息等。

常用的提示变体组件类型有：错误、成功、注意、信息和活动信息。

1. 查看提示变体组件

打开随书附赠资源中的"第 6 章 学习文件"，选择"13. 提示"页面，可看到已创
建的提示变体组件，其中提供了 Light 和 Dark 两种配色，如图 6-31 所示。

图6-31 提示变
体组件

2. 使用提示变体组件

提示变体组件的使用方法，可以用手机扫描右侧二维码观看操作
演示视频。

提示变体组件
的使用

6.2.6 导航栏

一个好的导航栏能让用户快速找到自己需要的内容，常用的导航栏有顶部导航栏、
侧边导航栏、汉堡包导航栏和底部导航栏。产品种类较多的网站通常会将顶部导航栏和
汉堡包导航栏混合使用，如阿里云、淘宝、Apple 等，如图 6-32 所示。

图6-32 导航栏

　　导航栏通常由品牌 Logo、主菜单、次要菜单和功能模块（登录、注册模块）组成，它一般都有登录前后两种状态。自适应网站则需要设计适合手机、平板电脑和计算机访问的导航栏。

1. 查看导航栏变体组件

　　打开随书附赠资源中的"第 6 章　学习文件"，选择"14. 导航栏"页面，可看到已创建的导航栏变体组件，如图 6-33 所示。

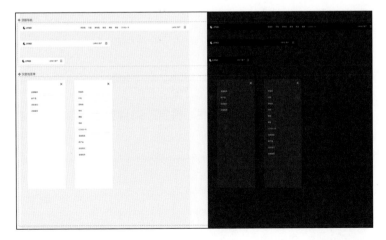

图6-33 导航栏
变体组件

2. 使用导航栏变体组件

　　导航栏变体组件的使用方法，可以用手机扫描右侧二维码观看操作演示视频。

导航栏变体组
件的使用

233

6.2.7　产品Logo

我们知道，产品的 Logo 会在网站和 App 中多次出现，而且 Logo 通常由图形、文字两部分组成。所以我们可以将 Logo 中的图形和文字都创建为组件，如图 6-34 所示。

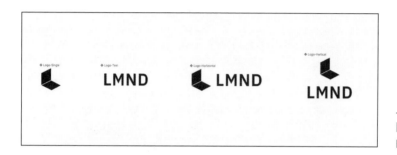

图6-34　Logo 的拆分与组合

查看Logo组件

打开随书附赠资源中的"第 6 章　学习文件"，选择"15. Logo"页面，可看到已创建的 Logo 变体组件，如图 6-35 所示。

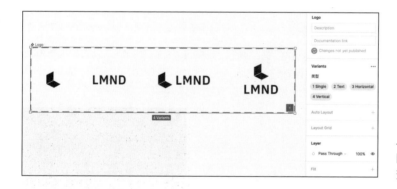

图6-35　Logo 变体组件

我们可以根据变体组件的特性，将自己设计的 Logo 创建为变体组件，然后将它应用到导航栏和宣传图中。

第7章
Framer应该这样用

本章将带大家学习 Framer 工具及其功能，并完成一些实际项目。

和 Figma 类似，Framer 也是一款支持多人在线进行原型设计的工具。由于其内嵌了很多现成的交互模块组件，因此设计师几乎只用 Framer 就可以实现所有设计，Framer首页如图7-1 所示。

图7-1　Framer首页

Framer 的注册、登录和下载等基础操作和 Figma 类似，请大家在其官网（https://www.framer.com/）进行操作。Framer 是按照团队进行收费的，免费版不可在计算机客户端上使用（比Figma要苛刻些，不过其网页端完全够用了），如图 7-2 所示。

图7-2　Framer收费方式

Framer 支持变体（Variants）和变量（Variables）功能，对完成设计和多人协作有很大的帮助。

本章内容

7.1　仪表盘

　　Framer 仪表盘可进行个人资料修改、查看浏览记录、学习教程和管理团队文件等操作，它和 Figma 的文件浏览器功能类似。

　　如果你是新用户，成功登录 Framer 后会进入产品教程引导页，Framer 将默认创建一份教程文件，你可以跟随官方引导教程进行学习，如图 7-3 所示。

图7-3　官方引导教程

7.1.1　仪表盘介绍

　　登录成功后，我们将进入 Framer 的**仪表盘**（Dashboard）页面，如图 7-4 所示。

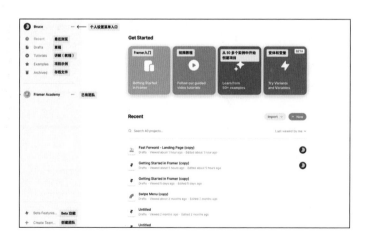

图7-4　仪表盘

1. 仪表盘左侧导航栏

仪表盘左侧的导航栏根据功能分为上、中、下 3 个部分。

导航栏上部：可在 Recent（**最近浏览**）、Drafts（**草稿**）、Tutorials（**教程讲解**）、

Examples（**项目示例**）和 Archived（**存档文件**）之间快速切换。

导航栏中部：增删团队文件夹、在团队文件夹下增删团队文件、编辑团队信息和邀请他人加入团队等。

导航栏下部：了解 Framer 新出的 Beta 功能、创建团队。

2. 仪表盘右侧

在仪表盘左侧的导航栏中选择相应模块后，右侧将展示该模块的详情页。

7.1.2　创建新的Framer项目

在 Framer 中新建的文件叫作项目，当然你可以把它理解为 Figma 中的新建文件。

❖ 步骤01　单击 Framer 仪表盘左侧的"Recent"（最近浏览）按钮。

❖ 步骤02　单击屏幕右侧的"+New"（新建项目）按钮，如图 7-5 所示。

图7-5　新建Framer
项目

❖ 步骤03　在弹窗中选择在哪里创建项目，如图 7-6 所示。

图7-6　选择项目的创
建位置

❖ 步骤04　此时，Framer 编辑器中将打开新创建的项目。

237

7.1.3 将Figma、Sketch或Framer Desktop文件导入Framer

本小节讲解如何将 Figma、Sketch 和 Framer Desktop 文件导入 Framer。

1. 将Figma文件导入Framer

步骤01 单击"Import"（导入）按钮，在下拉菜单中选择"Figma"，如图 7-7 所示。

步骤02 首次导入 Figma 文件时需要进行身份验证，单击"Authenticate"（认证）按钮将跳转到 Figma 身份认证页面，在 Figma 身份认证页面中单击"Allow access"（允许访问）按钮，进行身份验证并返回到 Framer 项目页面，如图 7-8 所示。

| 图7-7 导入文件

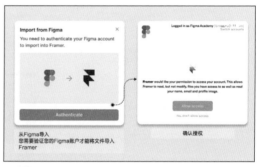

| 图7-8 身份验证

步骤03 身份验证完成后，我们需要打开 Figma，将 Figma 文件地址复制粘贴到 Framer 弹窗中，如图 7-9 所示。

步骤04 如果在编辑器页面中关闭了导入弹窗，我们可以打开编辑器左上角的下拉菜单，依次选择"File">"Import from Figma"重新打开导入弹窗，如图 7-10 所示。

| 图7-9 粘贴Figma文件的地址

| 图7-10 从编辑器页面中导入Figma文件

导入 Figma 文件后，Framer 会将 Figma 中的画框、矢量图形、文本和其他图层转换为相应的 Framer 图层。Framer 支持 Figma 的大部分功能，但也有些特殊功能不支持，下面是支持和不支持的功能的详细列表。

部分支持的功能	不支持的功能
旋转	混合填充
颜色	混合模式
属性	图像的旋转填充
多种样式的文本	角度渐变
矢量笔画	菱形渐变
矢量图像的填充	蒙版遮罩
矢量笔触的位置	带填充图片的文本
	带渐变的文本

2. 将Sketch文件导入Framer

步骤01 单击"Import"（导入）按钮，在下拉菜单中选择"Sketch"，如果已经打开了编辑器，可以依次选择"Menu"＞"File"＞"Import from Sketch"，当前项目中将打开 Sketch 文件复制粘贴窗口，如图 7-11 所示。

步骤02 安装并开启 Figma Tools。单击图 7-11 中的"Download and launch Framer Tools"（下载并打开 Framer Tools），下载并打开 Framer Tools，如图 7-12 所示。

图7-11　Sketch文件复制粘贴窗口

图7-12　Framer Tools应用程序

步骤03 从 Sketch 中复制图层。运行 Framer Tools 后，打开 Sketch 并选择要导入的图层，按快捷键复制图层；返回 Framer 页面，按快捷键将复制的图层粘贴到 Framer 中，复制和粘贴的快捷键如下。

macOS Cmd+C 和 Cmd+V　　　　**Windows** Ctrl+C 和 Ctrl+V

从 Sketch 中导入图层时，Framer 会将 Sketch 图层转换为相应的 Framer 图层。Framer 支持导入 Sketch 的大部分功能，但也会出现一些无法导入的情况，如下页所示。

不支持的功能	不支持的功能
角度渐变	菱形渐变
蒙版遮罩	

> **① 温馨提示**
>
> ● 如果从来没有安装过 Framer Tools，需要先安装并打开 Framer Tools，
> 然后打开 Sketch 应用程序。
>
> ● 所选的 Sketch 图层如果有嵌套图层，则复制该图层后需要将其手动转换为
> Framer 图层。

3. 将Framer Desktop本地文件导入Framer

步骤01 单击"Import"（导入）按钮，在下拉菜单中选择"**Desktop**"，如图 7-13
所示。

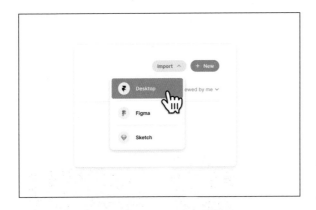

图**7-13** 导入Framer Desktop本
地文件

步骤02 在弹出的本地文件浏览窗口中选择要导入的 Framer Desktop 文件，也
可以将一个或多个 Framer 桌面项目拖放到仪表盘中。

只能导入扩展名为".framerx"的 Framer Desktop 文件，扩展名为".framerfx"
的文件需要先转换为扩展名为".framerx"的文件再进行导入。

7.1.4 草稿和最近浏览的作用

1. 草稿（Drafts）

在创建 Framer 项目时，可以将新建的项目放在"**Drafts**"（草稿）中。草稿文件夹
中的项目只有用户自己可以查看。

单击"Drafts"（草稿），可以查看其中所有草稿文件，如图 7-14 所示。

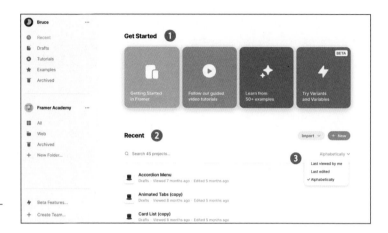

图7-14　草稿

① Get Started（**开始使用**）：官方提供的一些教程。

② Recent（**最近浏览**）：草稿中的项目将会在其下方展示。

③ **排序**：可将草稿按照 Last viewed by me（上次查看时间）、Last edited（最后编辑时间）和 Alphabetically（字母顺序）进行排序。

2. 最近浏览（Recent）

单击"Recent"（**最近浏览**）可查看最近打开的项目的列表，包含近期访问的所有草稿和团队中的文件。

Recent 页面中功能的布局与 Drafts 的相同。

7.1.5　项目示例和教程讲解

1. 项目示例（Examples）

单击"Examples"（项目示例），可浏览 Framer 的示例项目，以便了解 Framer 的功能。将页面向下滚动可查看已分类的原型示例，包含了大部分主流交互动画，如图 7-15 所示。

图7-15　原型示例

单击示例列表中的任意示例将其作为自己的项目，Framer 会将其复制到你的草稿中并打开，你可以在 Framer 编辑器左上角修改它的名称和位置，如图 7-16 所示。

图7-16　修改示例的名称和位置

2. 教程讲解（Tutorials）

Tutorials 中包含了带有步骤说明的视频和与之对应的 Framer 项目文件，便于我们学习 Framer。

教程类型有入门教程、在 Framer 中实现 Figma 文件的项目、关于桌面 Framer 设计的相关要点和在 Framer 中使用代码等，建议读者看完所有在线视频。

如果想对单个项目进行完整的学习，可通过官方提供的 Volt 原型设计套件进行学习。

7.1.6　善用存档

在项目制作完成后，如果不需要继续编辑，可以将其存档。

1. 添加存档

我们可以在仪表盘或编辑器中添加存档。

（1）在仪表盘中存档

在仪表盘中打开草稿或最近浏览页面，打开要存档的项目右侧的下拉菜单并选择 "Archive"（存档），如图 7-17 所示。

图7-17　在仪表盘中存档

（2）在项目编辑器中存档

如果项目已经打开，可以依次选择"Menu">"File">"Archive"将项目添加到存档列表中。

2. 查看存档

单击仪表盘中的"Archived"，可查看所有已存档的项目，如图 7-18 所示。

图7-18　查看已存档项目

如果存档的项目属于团队，则需要在团队的存档页面中查看该项目。

3. 取消存档

已存档的项目是不可以编辑的，如需编辑已存档的项目，则要在存档页面中单击项目右侧的"Unarchive"（取消存档）按钮，如图 7-19 所示。

图7-19　取消存档

如果项目已经打开，则可以在编辑器中依次选择"Menu">"File">"Unarchive"来取消存档。

7.1.7　Framer的团队功能应该怎样使用

创建账号后我们都会默认拥有一个团队，可以在仪表盘左侧的中间位置看到它，如图 7-20 所示。

图7-20　Framer团队

如果你想重新创建团队，则在仪表盘中单击最下方的"Create Team"（建立团队），创建过程中可以邀请协作者加入团队，协作者加入后可以访问团队中的所有项目，新建的团队也将显示在左侧导航栏中。

我们可以在团队中创建文件夹，并在文件夹中创建 Framer 项目，也可将项目移动到团队存档页面中。

新创建的团队中有 All（全部）、Archived（存档）和 New Folder（添加新文件夹）模块。

All（全部）：显示该团队下的所有项目。

Archived（存档）：显示团队的存档项目。

New Folder（添加新文件夹）：可在团队中创建文件夹。

本小节将从团队文件夹、团队设置、团队成员、添加和删除团队成员等方面来讲解 Framer 团队。

1. 团队文件夹

（1）创建团队文件夹

为了方便管理团队项目，我们可以创建多个文件夹来管理项目。

◈ 步骤01 单击团队下的"New Folder"。

◈ 步骤02 在弹窗中输入文件夹名称，输入后单击"Done"（完成）按钮，Framer 将会在全部名称下方新增一个文件夹，如图 7-21 所示。

图7-21　新建文件夹

（2）重命名和删除团队文件夹

◈ 步骤01 选择团队中将要编辑的文件夹。

步骤02 单击文件夹名称右侧的⋯按钮，可看到重命名和删除选项，根据需求进行选择即可，如图 7-22 所示。

图7-22　重命名和删除文件夹

2. 团队设置

在团队设置页面中可以修改团队的名称、头像，还可以删除团队。

修改团队信息

步骤01 单击团队名称右侧的⋯按钮，在下拉菜单中选择"Team Settings"（团队设置），如图 7-23 所示。

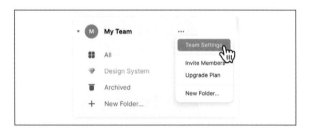

图7-23　团队设置

步骤02 在团队设置细节弹窗中可以自定义团队头像、修改团队名称，还可以删除团队。由于 Framer 的所有表单都是自动保存的，因此修改后关闭弹窗即可，如图 7-24 所示。

图7-24　团队设置细节

如果你的账户中只有一个团队则无法删除该团队。

3. 团队成员

Framer 中的成员可分为 Viewer（查看者）、Editor（编辑者）、Project Editor（项目编辑者）和 Administrator（管理员）。

可以在团队或项目中邀请协作者成为查看者或编辑者，如果其通过团队邀请成为查看者或编辑者，则他可以查看或编辑团队中的所有项目，通过项目文件邀请的成员则只可以查看或编辑该项目。

我们可以直接邀请同事到团队中，这样就不用每次都在项目中邀请他们。

（1）Viewer（查看者）

所有权限中，查看者的权限较低，而且无法修改项目。

如果你是团队查看者，可在仪表盘中查看已创建的所有项目，但是不可以在团队中修改或新增项目。

项目查看者可以查看任何代码、评论并查看已添加到项目中的所有人员。

（2）Editor（编辑者）

项目中的编辑者拥有和管理员相同的编辑权限，可以对项目中的元素进行修改和删除。

团队编辑者可以直接查看和编辑其他团队成员的项目。

（3）Project Editor（项目编辑者）

如果项目属于团队，而你仅被邀请成为该项目的编辑者，则你只可以查看当前项目，不能查看该团队的其他项目或内容。

（4）Administrator（管理员）

管理员的权限较高，管理员通常是最初创建团队的人，管理员可以邀请他人成为管理员。管理员拥有的权限有编辑、查看、设置编辑者或查看者为管理员、设置团队名称与头像和删除团队等。

4. 添加和删除团队成员

创建团队时，我们可以将被邀请的人设置为管理员、编辑者或查看者等。

⚘ 步骤01 打开仪表盘。

⚘ 步骤02 单击团队名称左侧的⋯按钮，在下拉菜单中选择"Invite Members"（邀请成员），如图 7-25 所示。

| 图7-25 邀请成员

步骤03 此时将打开邀请弹窗，团队成员将显示在这里。如果要添加新成员，可在右侧输入框中输入邀请者的电子邮箱地址，并为其选择合适的权限，然后单击"Invite"（邀请）按钮，如图 7-26 所示。

步骤04 被邀请者将会收到一封邮件，接受邀请后将会加入团队，如图 7-27 所示。

图7-26　邀请

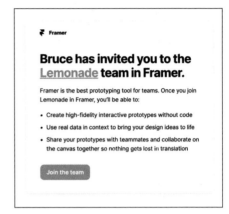

图7-27　邀请邮件

设计完成后，可以邀请任何人成为查看者。Figma 查看者可以访问设计、原型和检查页面，且查看者的数量不受限制。

7.2　编辑器

编辑器是 Framer 的主要工作区，本节会从工具栏、画布、图层面板和属性面板等方面介绍编辑器，如图 7-28 所示。

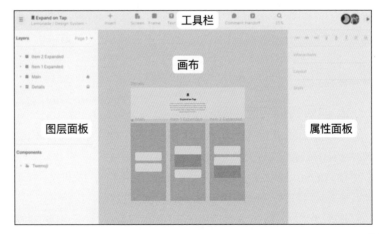

图7-28　Framer
编辑器

7.2.1　工具栏

Framer 工具栏中包含菜单、项目名称与文件夹、设计工具、协作者（在线）、分享与邀请和原型预览等模块，如图 7-29 所示。

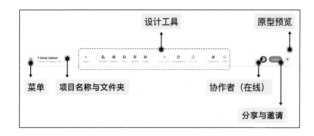

图7-29　工具栏

1. 菜单

单击工具栏左侧的菜单按钮⊟，可打开 Framer 菜单，其中包含编辑器中的所有功能，如图 7-30 所示。

图7-30　Framer菜单

选择"Go to Dashboard"（**返回仪表盘**）将跳转到仪表盘页面。

2. 项目名称与文件夹

菜单按钮⊟的右侧显示了当前项目的名称和面包屑导航，该面包屑导航显示了当前文件所在的团队和文件夹的名称。

在 Framer 工具栏中，可以快速修改项目名称和项目文件夹。

修改项目名称：单击项目名称，可进入编辑模式对其进行修改。

修改项目文件夹：单击项目名称下的面包屑导航，选择目标文件夹，如图 7-31 所示。

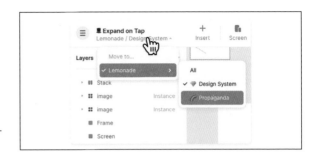

图7-31 修改项目文件夹

3. 设计工具

工具栏中部为 Framer 的主要设计工具，包含 Insert（插入菜单）、Screen（屏幕）、Frame（框架）、Text（文本）、Scroll（滚动）、Page（页）、Comment（评论）、Handoff（接力）和缩放 / 视图等，如图 7-32 所示。

图7-32 设计工具

（1）Insert（插入菜单）

利用插入菜单可以给项目添加组件、样式和包（封装好的图标或组件库），单击工具栏中的"Insert"按钮即可打开插入菜单，如图 7-33 所示。

图7-33 插入菜单

249

插入菜单中共有 6 个不同类型的模块。

① Start with a Screen（从屏幕开始）。

弹窗右侧提供了常用设备的屏幕尺寸，且都为一倍图。

② Components（组件）。

带有交互代码的设计组件，常用的页面元素都可以在这里找到。

③ Resources（资源）。

拥有形状、矢量图形和图标（自带 Feather、Phosphor、Material 等开源图标库）的设计资源库。

④ Packages（配套包）。

可以使用的公用配套包。配套包是设计组件、代码组件和颜色组件的合集，例如 iPhone X Kit、Sounds 和 Carbon Design System 等。升级团队后可自定义团队配套包，方便团队成员发布和管理配套包。

⑤ Installed Packages（已经安装的配套包）。

显示当前项目中已经安装的所有配套包。

⑥ Project Components（组件项目）。

显示当前项目中已创建的所有组件，如果没创建则不显示。

（2）Frame（框架）和Screen（屏幕）

① Frame（框架）。

Frame 是可以包含其他对象的层，类似于 Figma 中的画框。单击"Frame"按钮或按"F"键，然后在画布中按住鼠标左键并拖动即可创建框架。

如果想给所选物体创建框架，可以先选中物体，然后按以下快捷键。

| macOS | Cmd+Enter | | Windows | Ctrl+Enter |

② Screen（屏幕）。

单击工具栏中的"Screen"按钮，属性面板中将显示常用屏幕的尺寸，按需求单击设备名称即可创建对应尺寸的框架，如图 7-34 所示。

图7-34　屏幕

（3）Text（文本）

单击工具栏中的"Text"按钮，然后单击画布并输入文字，便可创建支持输入文本的文本图层。

要创建固定大小的文本图层，请选择文本工具，然后在画布上按住鼠标左键并拖动。双击现有文本可进入文本编辑模式。

① 自动和固定文本图层。

我们可以将文本图层设置为"Auto"（自动）或"Fixed"（固定）类型，自动文本图层的大小会跟随文本数量的变化而改变，固定文本图层的大小不受文字数量变化的影响，如图 7-35 所示。

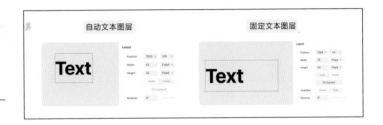

图7-35　文本图层

② 字体。

Framer 自动开启了 Google Fonts，单击"Font"按钮可在 All、Google 和 Custom 选项卡间切换。需要将团队升级到 Pro 版才可自定义字体，通常使用"System Default"（系统默认）字体，如图 7-36 所示。

图7-36　字体

（4）Scroll（滚动）

滚动图层通常由滚动容器和滚动内容组成，滚动内容可以是框架、图片等。

创建滚动图层的方法如下。

如果要使用滚动图层，则需要将滚动容器连接到内容对象上，可以把滚动容器当成视口，让用户通过该视口浏览内容。

✿ 步骤01 创建。单击工具栏中的"Scroll"按钮，在画布上按住鼠标左键并拖动，可看到带有连接器的滚动容器，如图 7-37 所示。

✿ 步骤02 连接。单击滚动图层右侧的连接器，然后单击要在滚动图层中进行滚动的内容，如图 7-38 所示。

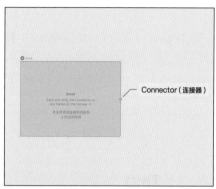

| 图7-37　创建滚动图层

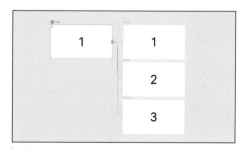

| 图7-38　给滚动图层添加滚动内容

✿ 步骤03 预览。单击左上角的"Scroll"按钮▶，可预览滚动效果。

关于滚动图层的更多调整方法可在 7.3.3 小节中进行学习。

（5）Page（页）

页是可以进行分页交互操作的组合图层，连接了内容的翻页容器可在预览时通过滑动进行翻页。

创建翻页图层的方法如下。

和滚动图层类似，如果要使用翻页图层，需要将翻页容器连接到多个内容对象上。

✿ 步骤01 创建。单击工具栏中的"Page"按钮，在画布上按住鼠标左键并拖动，可看到带有连接器的翻页容器，如图 7-39 所示。

✿ 步骤02 连接。如果要完成多个页面的翻页，可以多次单击连接器，然后单击要进行翻页的内容，单击翻页容器可检查连接，如图 7-40 所示。

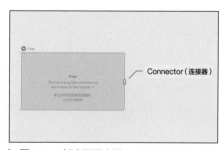

| 图7-39　创建翻页容器

| 图7-40　创建翻页图层

步骤03 预览。单击左上角的"**Page**"按钮 ▶，可预览翻页效果。

关于翻页图层的更多调整方法可在 7.3.4 小节中进行学习。

（6）Comment（评论）

我们可以在评论模式下和项目协作者在画布中进行讨论，属性面板中将显示全部留言和回复信息。

进入评论模式：单击"Comment"按钮，快捷键为"C"。

退出评论模式：在评论模式下按"Esc"键或再次单击"Comment"按钮可退出评论模式。

① 添加评论。

步骤01 单击"Comment"按钮进入评论模式。

步骤02 在评论模式下，鼠标指针移入画布后将会变成气泡形状，在画布上单击要添加留言的位置，会出现输入框，如图 7-41 所示。

图7-41　评论

② 查看回复。

如果其他协作者在设计文件中添加了留言，我们打开设计文件后"Comment"按钮的右上角将会出现提示红点，单击"Comment"按钮可查看、回复该留言，如图 7-42 所示。

图7-42　回复

③ 解决评论。

如果留言已回复，可将其设置为解决状态，在该留言的下拉菜单中选择"Resolve"（解决），可将其放入解决列表。

在评论模式下,在"Comment"右侧的下拉菜单中选择"Resolved",可查看已解决的留言,如图 7-43 所示。

图7-43 查看已解决的留言

(7)Handoff(接力)

单击"Handoff"按钮可检查设计,也就是进入查看代码模式。

在 Handoff(接力)模式中,选择对象后,画布中将显示对象与图层之间的距离,右侧面板中会显示所选图层的属性和过渡代码,如图 7-44 所示。

图7-44 查看对象

① 权限。

具有查看权限的协作者都可以进行评论和进入接力模式。

② 距离。

选择一个图层,然后将鼠标指针移入另一个图层,可查看两个图层之间的距离。

没有进入接力模式时查看距离的方法:选择一个图层后,按住"Option"(Windows 为"Alt")键,再将鼠标指针移入要测量距离的图层。

③ 语言。

接力模式提供了 CSS 或 JSX 两种显示图层属性代码的方式,可在接力模式下打开"Code"右侧的下拉菜单进行切换。

④ 资源（导出图片）。

将某个图层导出为图片：先在接力模式下单击"Export"右侧的⊞按钮，然后设置导出图片的比例和格式，最后单击"Export"按钮导出图片。

⑤ 过渡动画。

如果所选图层包含了过渡动画，则右侧代码模块下的"Transition"中将展示过渡动画的代码，可在"Framer Motion"和"Swift"之间切换代码语言，如图 7-45 所示。

图7-45　查看过渡动画的代码

⑥ 设计组件的代码。

如果选择了设计组件图层，则在接力模式下右侧的代码模块中将会显示出该组件各个状态的源代码，如图 7-46 所示。

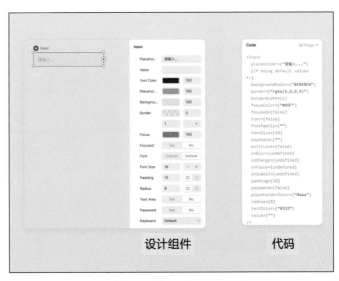

图7-46　查看组件代码

7.2.2　画布

Frame 画布是显示设计文件的区域，它的空间是无限的，如图 7-47 所示。

图7-47　画布

1. 在画布中进行"导航"

画布中常用的导航操作有平移、缩放和缩放到所选对象。

（1）平移

有以下两种平移画布的方式。

使用触控板：可在触控板中通过滚动手势平移画布。

使用鼠标和键盘：按住空格键，拖动画布即可将其平移。

（2）缩放

按住"Cmd"（Windows 为"Ctrl"）键，然后向上或向下滚动鼠标滚轮即可缩放画布。也可单击缩放 / 视图按钮 ，在缩放菜单中进行更多的缩放操作，如图 7-48 所示。

图7-48　缩放菜单

（3）缩放到所选对象

要查看整个项目中的对象，可使用以下快捷键。

| macOS | Cmd+1 | Windows | Shift+1 |

缩放到所选对象上，可在图层或画布中选择对象后按以下快捷键。

| macOS | Cmd+2 | Windows | Shift+2 |

将画布放大到100%显示，快捷键如下。

| macOS | Cmd+0 | Windows | Shift+0 |

2. 调整图层

画布中的所有对象都是"图层"，不同类型的图层的功能不同。我们可以在画布中创建图层或对已创建的图层进行大小调整、旋转、调整圆角半径、查看距离、调整位置、对齐和分布等操作。

（1）创建图层

创建文本、堆叠、滚动或翻页等图层：可先在工具栏中选择图层工具，然后在画布中拖动鼠标进行创建。

插入组件、矢量图形和其他元素：先单击工具栏中的"Insert"按钮，然后选择要插入的对象。

添加本地图片或图标：可直接将相关文件拖动到画布中。

（2）调整图层大小

选中要调整大小的图层，图层四周将会出现用于调整大小的手柄，拖动手柄即可调整图层的大小，如图7-49所示。

图7-49 调整大小

按比例调整图层：按住"Shift"键拖动手柄可按比例缩放图层。

（3）旋转图层

选中要旋转的图层，将鼠标指针悬停在图层四周手柄的外部，当鼠标指针变为可旋转图标时，可以拖动鼠标来旋转图层，如图7-50所示。

图7-50　旋转图层

旋转固定角度：选中图层，在属性面板的"Rotation"右侧的输入框中输入要旋转的度数。

按住"Shift"键进行旋转，将以15°为增量旋转图层。

（4）调整圆角半径

选中要调整圆角半径的图层，拖动图层左上角的圆圈即可调整圆角半径，如图7-51所示。

如果要分别设置4个角的圆角半径，可在属性面板中单击"Radius per corner"（每个圆角半径）按钮⊡，然后分别输入4个角的圆角半径值，如图7-52所示。

图7-51　调整圆角半径

| 图7-52　单独设置圆角半径

（5）查看距离

要查看两个图层之间的距离，可以先选择其中一个图层，然后将鼠标指针移入另一个图层，对应的距离将会在两个图层之间显示出来，如图7-53所示。

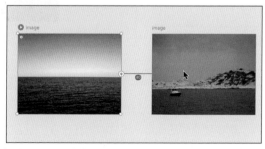

| 图7-53　两个图层之间的距离

（6）调整位置

要调整图层的位置，可以先单击该图层，然后将其移动到新的位置，也可以在"Position"中设置其 x 轴坐标和 y 轴坐标的值。

微调位置：选中图层，按方向键即可调整图层位置。

设置微调参数：单击缩放 / 视图按钮🔍，从缩放菜单中选择"Nudge Amount"（**微调参数**），在弹窗中设置微调参数后单击关闭按钮即可，如图 7-54 所示。

图7-54　设置微调参数

（7）对齐和分布

要将多个图层对齐，可选中要对齐的图层，并在属性面板中选择对齐或分布的方式。只有选择了 3 个或 3 个以上的图层时，才可使用水平分布和垂直分布按钮。

7.2.3　图层面板

图层面板在编辑器左侧，图层面板包含了画布中的所有框架。我们可以在图层面板中选择图层、更改图层名称和更改图层在图层面板中的顺序，如图 7-55 所示。

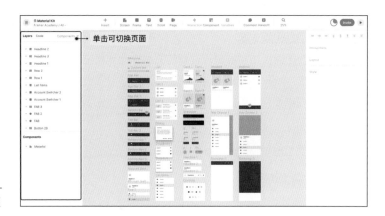

图7-55　图层面板

1. 图层结构

图层面板中的层级遵循 Tree structure（**树状结构**），图层间遵循父级图层、子级图层和兄弟图层关系，也就是常说的 Family tree（**家族树**）。

259

一些图层可以包含其他图层，例如堆叠图层和框架图层。如果某个图层包含其他图层，则该图层是父级图层，被包含的图层是该图层的子级图层。

具有相同父级图层的图层称为兄弟图层。

图层面板中，子级图层在父级图层下方以缩进的方式显示。若层级相同，则上方的图层将会出现在其同级图层的前面。

有子级图层的图层左侧将显示展开箭头，单击该箭头可查看或隐藏该图层的子级图层。

2. 图层指示图标

图层结构中，带有交互、评论或被锁定的图层的右侧将显示对应的指示图标，如图 7-56 所示。

图7-56　指示图标

指示图标的作用如下。

① 图层中有交互效果。

② 被设为主页的图层，在预览时作为首页展示。

③ 该图层中有被锁定的层。

④ 包含评论的图层。

⑤ 当前可见的图层。

3. 整理图层

（1）调整图层位置

可以在图层面板中将要更改位置的图层拖动到新位置。拖动时，蓝色线条将指示图层的移动位置，如图 7-57 所示。

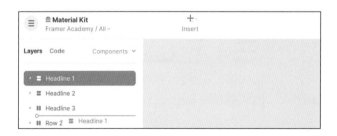

图7-57　调整图层位置

要更改所选图层的父级图层，可将该图层拖动到新父级图层的名称上。更改父级图层不会更改该图层在画布上的位置。

（2）重命名图层

在图层面板中双击要重命名的图层，即可进入名称编辑模式。也可以用鼠标右键单击图层名称，然后选择"Rename"，快捷键如下。

macOS　Cmd+R　　Windows　Ctrl+R

7.2.4　属性面板

在编辑器右侧的属性面板中可查看或编辑图层属性、给图层添加交互动作、调整布局、堆叠图层和更改样式等，如图 7-58 所示。

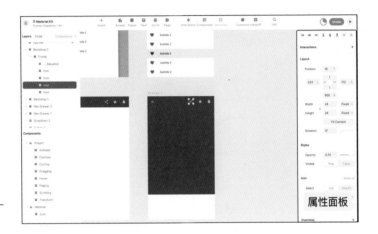

图7-58　属性面板

1. Interactions（交互）

Framer 中的大部分图层都可以添加交互效果，还可以将交互效果连接到动作或过渡动画中，对应的动作和过渡效果可在预览页面中查看。

给图层添加交互效果：选择图层，单击"Interactions"右侧的添加按钮⊞，在列出的交互效果中进行选择即可，如图 7-59 所示。

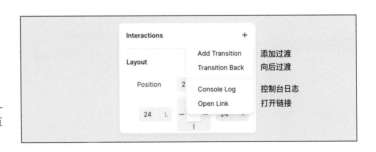

图7-59　添加交互
效果

如果要查看原型交互效果，可打开预览窗口，单击带有交互效果的按钮进行预览。

Framer 的交互主要由 Trigger（触发器）和 Action（动作）组成。

触发器：使交互发生的事件。

动作：触发交互时发生的动作，常见的动作为转场，也可以是打开链接、返回和在控制台中添加消息等。

（1）Transitions（转场）

给所选图层添加转场后，在预览时它将会从一个框架移动到另一个框架，也可以给所选图层添加链接和过渡效果。

① 创建转场。

创建转场前，请确保页面中有两个以上的框架，如图 7-60 所示。

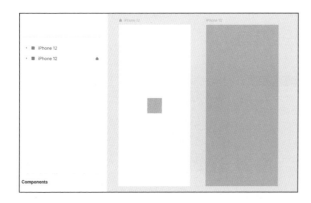

图7-60　创建两个简单框架

创建单击正方形后跳转到第二个框架的转场。

步骤01　单击正方形框架右侧的连接器，然后单击要过渡到的目标框架，如图7-61所示。

步骤02　在弹窗中选择"New Interaction"（**添加新的过渡**），再选择"Magic"（**魔术**）过渡，便可创建带有魔术运动效果的转场，如图 7-62 所示。

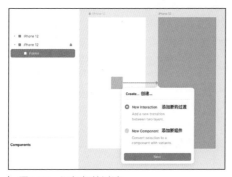

图7-61　添加新的过渡

图7-62　选择转场效果

◈ 步骤03 同理，继续给右侧的蓝色框架添加一个单击后过渡到左侧框架的转场，完成后单击右上角的播放按钮进行预览。

② 删除转场。

◈ 步骤01 选择要删除转场的框架。

◈ 步骤02 在属性面板中单击转场右侧的删除按钮⊠，如图7-63所示。

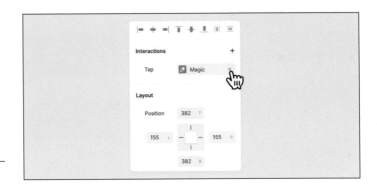

图7-63　删除转场

③ 编辑转场。

◈ 步骤01 选择要编辑转场的框架。

◈ 步骤02 在属性面板中单击转场的名称，将会出现转场设置面板，如图7-64所示。

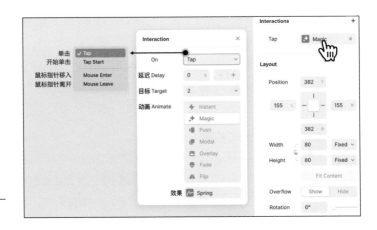

图7-64　设置转场

在其中可设置转场的触发方式、延迟时间、目标，以及动画类型与效果。

④ 动画类型。

Framer共有7种动画类型，其中魔术动画比较特殊。

（2）魔术动画

要创建魔术动画，在动画中选择"Magic"即可。

魔术动画可以让框架中的所有图层在转场时实现动画化，Framer 可以找到两个页面中具有相同框架的图层。

如果要创建带有动画的转场，我们需要对转场前后两个框架中的对应图层使用相同且唯一的名称。

2. Layout（布局）

在布局模块中可以调整框架在画布上的位置、尺寸、约束、溢出和旋转等属性，如图 7-65 所示。

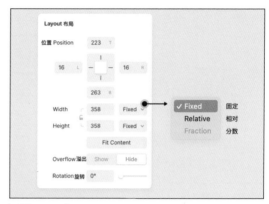

图7-65 布局

（1）Position（位置）

画布上框架的 x 轴坐标和 y 轴坐标的值将显示为相对于画布中心的值。

如果一个框架在另一个框架中，那么它的 x 轴坐标和 y 轴坐标的值将显示为相对于父级框架的左上角的值。

（2）Size（尺寸）

我们可以将对象的宽度和高度设置为 3 种类型之一：Fixed（固定的）、Relative（相对的）和 Fraction（分数）。单击宽度或高度右侧的下拉按钮可进行切换。其中分数类型只能应用于启用了 Stack（堆叠）布局的子级框架。

（3）Constraints（约束）

如果一个框架是另一个框架的子级，那么布局面板中将会出现约束组件。

约束可以控制所选框架边缘到其父级框架边缘的距离。我们可以"固定"该距离，当父级框架大小发生变化时，其里面的框架也会同步发生变化。

我们可以通过单击距离旁边的线条来固定或者取消固定该距离，约束设置中的蓝色线条表示被固定，灰色线条表示未被固定，如图 7-66 所示。

（4）Overflow（溢出）

可控制文件超过画布的部分是否显示，Show 为显示，Hide 为隐藏。

（5）Rotation（旋转）

可调整框架的旋转角度。

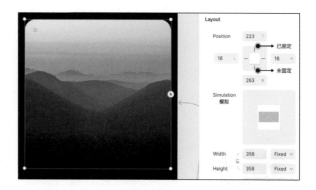

图7-66　约束设置

如果要查看所设置约束的模拟效果，可在固定距离后将鼠标指针移至蓝色约束线条的中心。

3. Stack（堆叠）

可以给框架设置自动布局的堆叠功能，其具体功能和使用方法可参考 7.3.2 小节。

4. Style（样式）

样式中可调整的功能较多，如果没有想要的样式，可单击"**Style**"右侧的添加按钮⊞来查看并添加所需样式，如图 7-67 所示。

图7-67　样式

5. Export（导出）

若需要在客户端上进行资源的导出，单击导出模块右侧的⊞按钮可设置导出的倍数、名称或文件夹层级和资源格式，如图 7-68 所示。

| 图7-68　导出

Framer 支持 WEBP 格式图片的导出，WEBP 是一种占用内存小且显示清晰的图片格式。

6. Code（代码）

在选中框架后，单击"Code"右侧的⊞按钮可查看所选对象的代码，如图 7-69 所示。

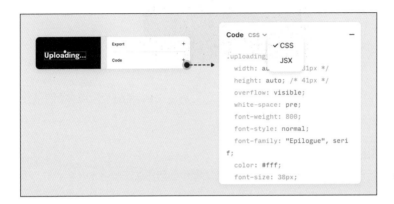

图7-69　代码

如果所选框架包含过渡效果，那么"Handoff"下拉菜单中将会多出"Framer Motion"和"Swift"选项，方便我们查看与过渡相关的代码信息，如图 7-70 所示。

图7-70　带有过渡效果的框架

7.3　图层

Framer 画布中不同对象的图层属性各不相同，常用的图层有画框、文本、翻页和滚动等。

7.3.1　文本图层

文本图层是文本的容器，单击工具栏中的"Text"按钮或按"T"键便可创建文本图层。

创建固定大小的文本图层：单击"Text"按钮，然后拖动鼠标在画布上创建文本图层。
编辑已创建的文本图层：双击要编辑的文本图层可进入文本编辑模式。

1. 自动文本图层与固定文本图层

文本图层创建后可以在属性面板中将其设置为"Auto"（自动）或"Fixed"（固定），
类型，如图 7-71 所示。

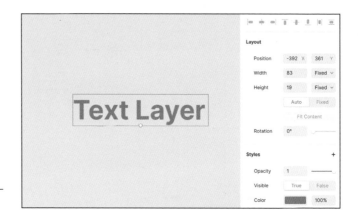

图7-71　文本图层

自动文本图层可以根据文本内容的多少自动调整大小，固定文本图层中的文本只会
出现在文本框内。

2. 文本样式

单击要调整样式的文本，属性面板中将显示可调整样式和文本的属性。Framer 支持
对文本的不透明度、可见性、颜色、字体、大小和对齐方式等常用属性进行调整。

调整文本图层中部分文本的样式：双击要调整的文本图层，进入文本编辑模式，选
中要调整样式的文本并在属性面板中进行调整，如图 7-72 所示。

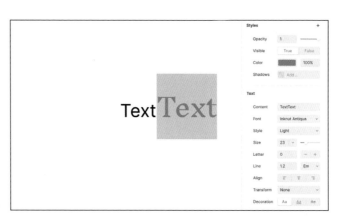

图7-72　调整文本图层
内的部分文本

7.3.2 堆叠图层

需要在 Frame（框架）上开启具有堆叠功能的图层。

选择要开启堆叠功能的框架，单击"Stack"右侧的添加按钮⊞，便可在当前框架上添加堆叠布局（堆叠布局和 Figma 的自动布局功能类似），如图 7-73 所示。

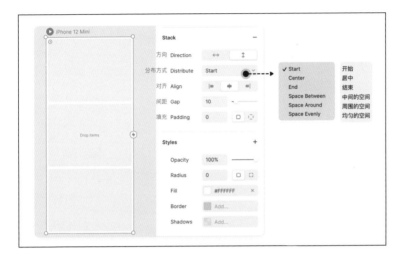

图7-73　堆叠布局

添加堆叠布局后，页面内的元素将会根据框架的堆叠属性自动排列。Framer 支持横向和纵向堆叠，而且元素在堆叠空间内有多种分布方式。单击"Stack"右侧的⊟按钮可禁用堆叠功能，禁用后页面内元素的位置不会改变，可手动进行调整。

我们可以通过控制堆叠的方向、分布方式、对齐、间距和填充来调整堆叠布局。

1. 方向

可以将堆叠方向调整为水平或垂直两种，水平方向上的堆叠图层将从左侧开始向右排列，垂直方向上的堆叠图层将从顶部开始向下排列。

2. 分布方式

控制对象在堆叠方向上的排列方式。Framer 提供了 6 种分布方式。

（1）Start（开始）

根据堆叠方向从堆叠图层的左侧或顶部开始排列，空白部分将会出现在右侧或底部。

（2）Center（居中）

从堆叠图层的中部开始排列，空白部分将会出现在开始或结束位置。

（3）End（结束）

根据堆叠方向从堆叠图层的右侧或底部开始排列，空白部分将会出现在左侧或顶部。

（4）Space Between（中间的空间）

在堆叠方向上平均分配堆叠元素，确保元素之间的距离相等。堆叠的第一个元素将会被分配到开始位置，最后一个元素将会被分配到结束位置。

（5）Space Around（周围的空间）

堆叠图层内的元素将会被分配到相同的空间内，该模式下相邻元素间的距离 = 第一个元素到开始位置的距离 + 最后一个元素到结束位置的距离。

（6）Space Evenly（均匀的空间）

在堆叠方向上，堆叠元素将会均匀分布在堆叠图层内。该模式下相邻元素间的距离 = 开始元素到开始位置的距离 = 最后一个元素到结束位置的距离。

3. Align（对齐）

对齐因堆叠方向的调整而改变，水平方向上的堆叠图层可设置为顶部、居中和底部对齐，垂直方向上的堆叠图层可设置为左侧、居中和右侧对齐。

4. Gap（间距）

间距可控制堆叠图层中各元素之间的距离，只有当分布方式设置为开始、居中和结束时才可调整间距。

5. Padding（填充）

填充可控制内部元素到堆叠图层边缘的距离，单击"Padding"右侧的统一调整或单独调整按钮便可统一调整或单独调整填充距离，如图 7-74 所示。

图7-74　填充

6. Fraction（分数）

堆叠图层内元素的宽与高也会影响堆叠布局。例如，创建水平方向上的堆叠图层，将分布方式设置为开始，将 3 个元素的宽度分别设置为 1fr、2fr 和 3fr，则 3 个元素的宽度占比分别为 1/6、2/6 和 3/6。如果增加堆叠图层的宽度，这 3 个元素的宽度将会发生等比变化。

Fraction 表示 Grid 布局中剩余空间的部分，通常将 Fraction 缩写为"fr"。1fr 的意思是"100% 的剩余空间"，0.25fr 意味着"25% 的剩余空间"。Fraction 的用法与 px、em 等是一样的。如需使用可将宽度单位设置为 Fraction，如图 7-75 所示。

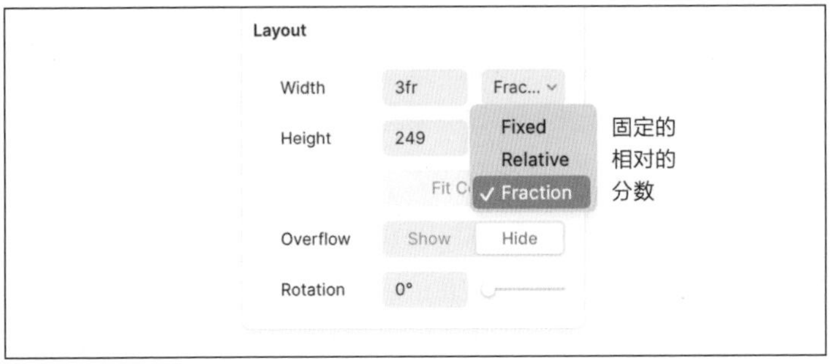

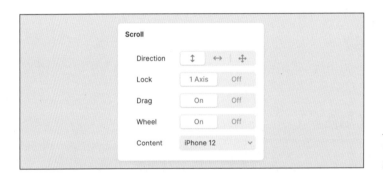

图7-75　特殊宽度

7.3.3　滚动图层

滚动图层是包含滚动内容的交互图层，常用于设计较长的页面。我们可设置滚动图层的方向、忽略反向滚动、拖动滚动和滚动内容等，如图 7-76 所示。

图7-76　滚动图层的属性

1. Direction（方向）

支持上下、左右或上下左右方向的滚动。通常情况下，上下滚动的内容要比滚动图层高，左右滚动的内容要比滚动图层宽。

2. Lock（锁定）

Lock 可控制在滚动时是否忽略相反方向的滚动。如果将 Lock 设置为 1 Axis，在滚动时将会忽略反向滚动。

它通常在滚动图层中内嵌了滚动图层时使用，例如，上下滚动图层中包含了左右滚动图层。

3. Drag（拖动）

拖动可控制滚动图层是否支持拖动交互。

当拖动属性打开时，可通过拖动来滚动页面；当拖动属性关闭后，将不可通过拖动来滚动页面。因为移动设备中不支持滚动页面，所以通常会为其打开拖动属性。

4. Wheel（滚轮）

滚轮可控制系统是否支持设备中默认的滚轮操作。当该属性打开后，可以使用设备中的标准滚轮实现页面的滚动。

5. Content（内容）

内容用于设置滚动图层中滚动内容的名称，单击内容名称可切换滚动的内容。

7.3.4　翻页图层

翻页图层常用于设计轮播图，我们可设置翻页图层的方向、宽度与高度、间距、填充、动量和效果等属性，如图 7-77 所示。

图7-77　翻页属性

翻页图层可设置的属性较多，其中方向、锁定、填充、拖动、滚轮和内容等属性可参考滚动图层中的说明，这里仅介绍动量和效果两个属性。

1. Momentum（动量）

动量可控制页面在翻页时是否考虑拖动的量。

动量打开后，滚动页面后可快速切换多个页面。

动量关闭后，滚动页面后只切换到下个页面。

2. Effect（效果）

效果属性可控制每个页面的滚动外观。默认的效果包括 None（无）、Cube（立方体）、

271

Cover Flow（封面流）、Wheel
（轮）和Pile（堆积）5种，如图7-78
所示。

| 图7-78　效果

7.3.5　图形图层

图形图层是指可进行矢量编辑的 SVG 图形图层，图形图层不能包含其他图层，但可包含矢量路径、形状和组。

1. 创建图形图层

◈ 步骤01 打开工具栏中的插入菜单，在插入菜单中依次选择"Assets">"Custom"，如图 7-79 所示。

图7-79　创建图形图层

◈ 步骤02 单击"Custom"面板右侧的"Insert"（插入）按钮，将图形图层插入画布中。

2. 编辑图形图层

默认添加的图形图层中的内容为五角星，图形图层名称左侧为钢笔头图标，如图 7-80 所示。

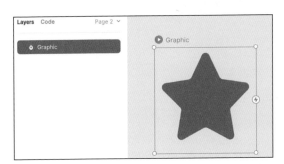

图7-80　默认的图形图层

如果要编辑 SVG 矢量图形，需双击图形图层将其转变为 Graphic 图层，然后才可以进行矢量编辑，如图 7-81 所示。

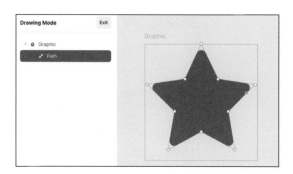

图7-81　编辑图形

3. 查看SVG图形代码

〔❖ 步骤01〕选择已创建的 Graphic 图形图层。

〔❖ 步骤02〕单击工具栏中的⊡按钮，右侧代码面板中将显示该图形图层的 SVG 图形代码，如图 7-82 所示。

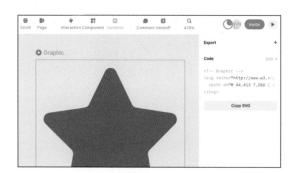

图7-82　SVG图形代码

7.4　开始设计

推荐读者使用 Framer 默认的组件、模板和配套包开始设计，再结合品牌调性和规范继续优化，也可使用 Framer 进行响应设计、分享颜色和矢量编辑操作。

7.4.1　默认组件

在 Framer 中我们可以通过"Insert"（插入）菜单调用默认组件。

1. Interface（接口）

依次选择"Insert">"Interface"，选择要插入的组件并单击"Insert"按钮即可将其添加到画布中，如图 7-83 所示。

图7-83　默认组件

（1）Button（按钮）

按钮支持调整默认、鼠标指针悬停、按下和不可单击等状态的样式和交互动画，如图 7-84 所示。

图7-84　按钮组件

（2）Checkbox（复选框）

我们可以单独调整复选框的勾选和未被勾选样式与交互动画，如图 7-85 所示。

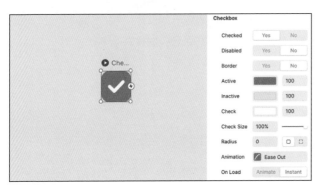

图7-85　复选框组件

（3）Cursors（鼠标指针）

鼠标指针可指示对象的不同状态，Framer提供了40种鼠标指针类型，如图7-86所示。

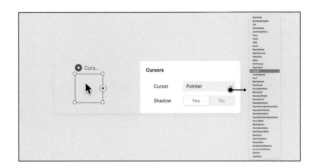

图7-86　鼠标指针组件

（4）Input（输入）

输入组件的功能十分强大，支持密码和文本字段的输入。开启"Text Area"后将变为多行文本编辑模式，如图 7-87 所示。

图7-87　输入组件

（5）Radio Buttons（单选按钮）

可以将自定义的单选按钮列表添加到原型中，Framer 支持自定义其选中状态、未被选中状态和鼠标指针悬停状态，最多可添加 10 个单选按钮，如图 7-88 所示。

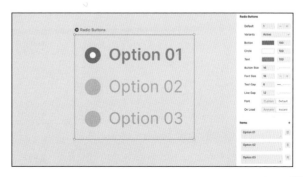

图7-88　单选按钮组件

（6）Segmented Control（分段控制）

分段控制组件常被用于切换页面内的内容，如图 7-89 所示，我们可以设置分段控制组件中的所有内容。

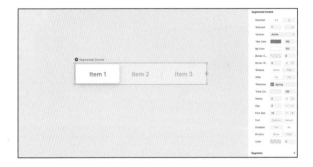

图7-89　分段控制组件

单击"Segments"（分段）右侧的⊞按钮可创建分段，最多可添加 5 个分段。

（7）Select（选择）

我们可自定义选择组件的焦点状态、字体类型、文本颜色等，如图 7-90 所示。

图7-90　选择组件

（8）Slide（滑块）

创建并选择滑块组件后，我们可以通过调整滑块属性面板中的按钮或单击滑块轨道来设置其参数，如图 7-91 所示。

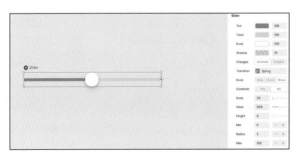

图7-91　滑块组件

（9）Toggle（切换）

我们可以自定义切换组件的样式、动画和切换时的过渡效果，如图 7-92 所示。

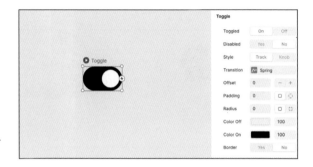

图7-92　切换组件

2. Media（媒体）

依次选择"Insert" > "Media"打开媒体组件列表，Framer 支持的媒体组件有 Audio（音频）、Avatar（头像）、GIF、Video（视频）、YouTube，如图 7-93 所示。

图7-93　媒体组件

（1）Audio（音频）

利用音频组件可以播放声音和音乐，可通过上传本地文件或输入文件地址来添加音频，在音频属性面板中可设置该组件的相关参数和样式，如图 7-94 所示。

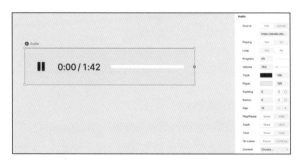

图7-94　音频组件

（2）Avatar（头像）

在头像组件中可设置真实的个人照片为头像或定义带纯色背景的首字母为头像，还可上传背景图作为头像，如图 7-95 所示。

图7-95　头像组件

（3）GIF

GIF 组件中的图来自 GIPHY。插入 GIF 组件，然后在属性面板中输入要展示的 GIF 的名称，即可在画布上看到循环播放的 GIF，如图 7-96 所示。

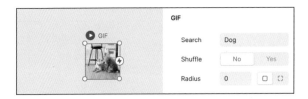

图7-96　GIF组件

（4）Video（视频）

可以通过视频组件将视频添加到原型中，它支持使用地址和本地上传的方式来添加视频。可以自定义视频是否自动播放、是否隐藏控件或声音等，如图 7-97 所示。

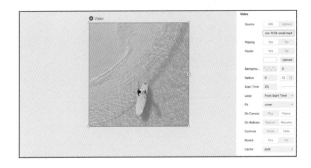

图7-97　视频组件

（5）YouTube

选择 YouTube 组件后，只需输入 Youtube 视频的地址，便可嵌入 YouTube 视频到原型中，可将自动播放设置为关闭、打开和循环，如图 7-98 所示。

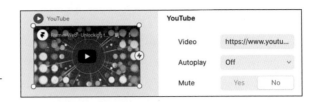

图7-98　YouTube组件

3. Utility（实用工具）

依次选择"Insert">"Utility"打开实用工具列表，如图 7-99 所示。

图7-99　实用工具

（1）Loading（载入指示符）

可将默认的载入指示符添加到原型中，系统支持自定义 Loading 时间，在超时后自动过渡到框架。默认有 Dots、Material 和 iOS这3种指示符样式可供切换，如图 7-100 所示。

图7-100　载入指示符

（2）Progress（进度条）

可将进度条与原型的交互过渡结合使用，以模拟真实的实时过渡效果，在属性面板中可将进度条设置为圆圈和线条两种效果，也可调整其他属性，如图 7-101 所示。

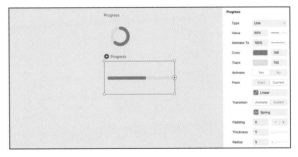

图7-101　进度条

（3）Rating（评分）

评分组件可以让用户单击评分图标来进行评级，默认图标为五角星，可以将其改为 Feather 图标库中的任何图标，如图 7-102 所示。

图7-102　评分

（4）Sticky Note（便笺）

使用便笺可以在画布上添加说明、反馈和待办事项，系统支持自定义便笺的颜色、设置便笺在原型预览页面中的可见性和修改便笺字体等，如图 7-103 所示。

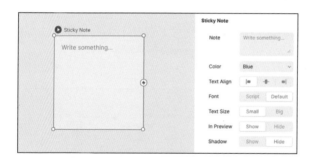

图7-103　便笺

（5）Time & Date（时间和日期）

可显示多种格式的时间和日期，也可通过设置不同国家的不同地点来显示不同时区的时间，如图 7-104 所示。

图7-104　时间和日期

7.4.2　配套包

在插入菜单中，我们可以调用社区配套包、发布到团队的配套包（需升级团队）和添加为收藏的配套包。

每个配套包都包含多种相关组件，方便我们添加不同的设计元素，使用团队配套包还可以让设计元素在项目之间的更新保持同步。

1. 安装社区配套包

任何人都可以在社区配套包中选择并安装需要的图标集、交互组件、声音套装和图表等到自己的项目中。

安装社区配套包的步骤如下。

步骤01　打开插入菜单，然后选择"Community"（社区），即可浏览社区配套包，如图 7-105 所示。

图7-105　浏览社区配套包

步骤02　由于社区配套包的数量较多，我们可以在社区配套包页面搜索目标配套包。例如要在设计中添加底部导航栏，可搜索"Bar"，并在系统给出的社区配套包中选择合适的配套包，如图 7-106 所示。

图7-106　安装"Bar"

❖ 步骤03 单击 iOS Tab Bar 右侧的"Install"（安装）按钮，该配套包将会安装到当前项目中。安装成功后单击"Show"（显示）按钮可查看配套包中的内容。在插入菜单的已安装列表中单击"iOS Tab Bar"也可查看配套包中的内容，如图 7-107 所示。

图7-107　查看安装的iOS Tab Bar

❖ 步骤04 选择"iOS Tab Bar"中的"TabBar"，然后单击"Install"（安装）按钮，该 TabBar 将会调用到页面中，我们可以根据需求调整 TabBar 的参数和详情，如图 7-108 所示。

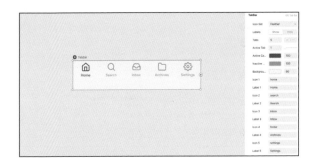

图7-108　TabBar详情

2. 卸载配套包

❖ 步骤01 打开插入菜单，在"Installed Packages"（**已安装配套包**）中单击要卸载的配套包。

❖ 步骤02 单击"Package Details"（**配套包详情**）进入其详情页，然后单击"Uninstall"（卸载）按钮即可完成卸载，如图 7-109 所示。

图7-109　卸载配套包

7.4.3　分享颜色

创建的分享颜色可以在整个设计中调用。在编辑分享颜色时，该颜色将在使用过的所有位置实时更新。

1. 创建分享颜色

步骤01 选择一个框架，单击"Fill"（**填充**）打开颜色选择器，如图 7-110 所示。

步骤02 在颜色选择器中选择"Shared Colors"，再单击右侧的⊞按钮。

步骤03 在"New Shared Color"（**新建分享颜色**）下的输入框中输入其名称并配置好颜色，然后单击"Create"（新建）按钮，如图 7-111 所示。

| 图7-110　设置分享颜色

| 图7-111　新建分享颜色

步骤04 创建的分享颜色将会出现在列表中，合理命名颜色可方便我们后续对其进行使用，如图 7-112 所示。

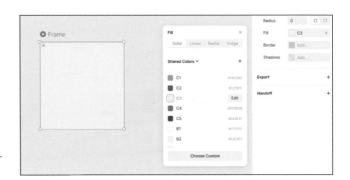

图7-112　分享颜色

2. 编辑分享颜色

单击分享颜色名称右侧的"Edit"（**编辑**）按钮，在"Edit Shared Color"（**编辑分享颜色**）中更改颜色名称并选择新的颜色。最后，单击"Done"（**完成**）按钮确认更改，如图 7-113 所示。

图7-113　编辑颜色

3. 配套包的分享颜色

如果安装了包含分享颜色的配套包，颜色选择器中将会出现该配套包的名称，以及可以自定义的分享颜色。

7.4.4　模板

模板给新建项目提供了一个起点，可为设计师节省很多时间。

1. 使用模板

在仪表盘中单击新建项目按钮，可以从默认模板中创建项目，如图 7-114 所示。

图7-114　模板

专业或企业账户可创建自定义的团队模板，也可使用团队成员创建的模板。

2. 创建模板

将团队升级到专业版，便可以在团队的"Templates"文件夹中创建团队模板。有以下两种方式可创建模板。

方式一：在团队模板目录中新建模板。单击团队的"Templates"文件夹，然后单击"New Template"（**新模板**），Framer 将自动创建一个模板文件。

方式二：将现有的文件转换为模板，用鼠标右键单击项目文件，选择"**Save as Template**"（**另存为模板**）。

3. 将模板转换为项目

打开团队模板目录，用鼠标右键单击要转换为项目的模板文件，选择"Revert to Project"（恢复为项目）即可。

7.4.5　响应式设计

Figma 支持构建响应式设计，响应式设计的内容会根据视口大小的变化进行自动调整。

1. 为什么要创建响应式设计？

假设我们的原型机为 iPhone 11（375px×812px），且没有进行响应式设置。如果要在 Google Pixel 4 或 iPad 上预览该原型，整个原型在页面中将会向上或向下缩放，使其适合屏幕的宽度或高度。

当我们设计的框架和预览设备的尺寸不匹配时，有两种方法可以避免这样的情况出现：其一，将设计框架的尺寸调整为预览设备的视口大小；其二，进行响应式设置。

2. 打开响应式原型预览窗口

Framer 支持预览带有响应式设计的框架，我们在预览时将其打开即可。

❖ 步骤01 选择要预览的框架，并将其打开。

❖ 步骤02 单击原型预览窗口顶部的"Settings"（设置）按钮。

❖ 步骤03 勾选"Responsive Design"（响应式设计）复选框，如图 7-115 所示。

图7-115　为原型开启响应式设计

启用响应式预览后，原型中的内容将会根据约束规则与视口大小保持实时响应。

3. 使用约束和固定进行响应式设置

放在框架中的所有元素都有相对于其父级的位置，即布局约束。

通过固定约束，我们可以将元素锁定在当前位置，不论其父级框架如何改变，该元素都会停留在当前位置。

选择框架后，可在属性面板顶部设置该框架的约束，T、R、I 和 L 分别为当前框架到父级框架四周的距离。

例如，对图片的 L、T、R 进行约束，并在原型预览窗口中勾选响应式设计复选框。单击预览图片，此时图片宽度会随着原型视口大小的变化而改变，如图 7-116 所示。

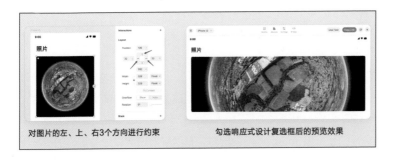

对图片的左、上、右 3 个方向进行约束　　勾选响应式设计复选框后的预览效果

图 7-116　约束图片到四周距离

固定约束为上图中红色箭头所指的位置，蓝色表示锁定，灰色表示未锁定，单击线条可进行锁定或解锁操作。单击时，约束下方会显示响应式预览效果。

控制框架与其父级框架四周的距离及其四周距离的约束，可设置当父级元素大小发生变化时，子级元素应该如何改变位置和自身大小。

7.4.6　绘图模式

我们可以在绘图模式下编辑图形图层（Graphic）中的形状。

创建图形图层（Graphic）：按"G"键，在右侧的尺寸列表中单击需要的尺寸，也可在画布上拖动鼠标指针创建图形图层，如图 7-117 所示。

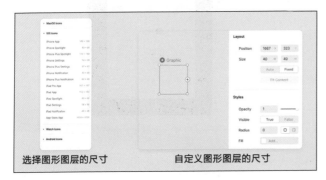

选择图形图层的尺寸　　　　自定义图形图层的尺寸

图 7-117　图形图层的尺寸

进入绘图模式：双击添加的图形图层即可。

退出绘图模式：单击图层面板上方的"Exit"按钮，或按"Esc"键。

进入绘图模式后，工具栏中将显示用于进行矢量绘图的工具，如图 7-118 所示。

图7-118 编辑图形图层的工具栏

Graphic（图形图层工具）：创建其他图形图层。

Path（路径）：可对图形图层中的对象进行矢量编辑。

Rect（矩形）、Oval（椭圆）、Poly（多边形）和 Star（五角星形）：可以进行响应式设计的形状工具。

7.4.7　替换

用鼠标右键单击所选对象，在保留原始对象大小和位置的同时将其替换为组件，如图 7-119 所示。

图7-119　替换

可替换的组件包括默认组件、配套包中已安装的组件和在项目中创建的组件。

7.5 使用Framer制作原型

本节将讲解预览、动画编辑器、组件画布、变体和变量的使用等知识。

7.5.1 预览

Framer 预览页面支持在不同设备的屏幕上显示设计的交互式原型，并提供了原型分享和内嵌网页的功能。

1. 打开预览窗口

单击"Preview"（预览）按钮，会打开当前项目主框架的预览窗口。如果要预览所选框架，在选中框架后单击画布左上角的蓝色按钮 ⊙ 即可，如图 7-120 所示。

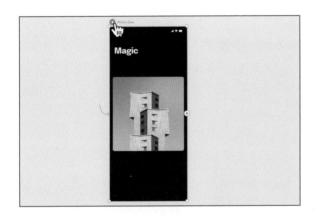

图7-120 预览所选框架

打开 / 退出预览窗口的快捷键如下。

macOS Cmd+P   Windows Ctrl+P

（1）切换图层

如果要在当前窗口中预览其他图层，可以单击左上角的框架名称，然后在下拉菜单中选择要预览的框架，如图 7-121 所示。

图7-121 切换预览图层

（2）刷新返回主屏幕

在预览窗口中进行交互后，如果要返回到预览开始的地方（通常为主屏幕）重新进行交互预览演示。可以单击屏幕右上角"Reload"（刷新）按钮或使用以下快捷键。

macOS　Cmd+R　　　Windows　Ctrl+R

2. 预览方式

Framer 提供了 3 种预览方式：在标签页中预览、在移动设备上预览和响应式预览。

（1）在标签页中预览

在单独的标签页中预览时，我们在画布上的任何调整都会实时更新。我们可以在打开预览窗口的同时进行设计，以实时查看调整后的原型。

（2）在移动设备上预览

打开要预览的原型，在预览工具栏中单击"Mobile"（移动）按钮打开二维码，使用手机扫描该二维码，在移动设备查看该原型，如图 7-122 所示。

图7-122　在移动设备上预览

建议在移动端安装适用于 iOS 或 Android 的 Framer Preview App，Framer Preview App 可以全屏显示原型图层，在设计移动端产品时，它可给我们提供沉浸式的预览体验。

（3）响应式预览

启用响应式预览后，原型中的内容将会根据约束规则与视口大小保持实时响应。

其开启方法可参考 7.4.5 小节。

3. 预览设置

打开预览页面，单击"Settings"（设置）按钮打开预览设置面板，如图7-123所示。

图7-123　预览设置面板

① 基础设置

Theme（主题）：可将 Framer UI 调整为暗色或亮色模式。

Device（设备）：横向或纵向展示原型。

Hand（手）：设备为纵向时，可选择手持原型设备背景中手的样式。

Background（背景色）：调整原型背景画布的颜色。

② Touch Cursor（触摸光标）

打开触摸光标后，可增强原型演示的真实感。在计算机上预览移动设备中的原型时通常会开启该功能。

③ Interaction Highlights（交互提示）

打开交互提示后，单击或滑动原型的非交互区域时，可交互区域中的元素周围将显示蓝色轮廓，以提示操作者。

④ Hide Framer Interface（隐藏Framer界面）

在其他网站或第三方软件中内嵌当前原型时，我们通常只希望显示原型部分，多余的 Framer 界面我们并不需要，勾选隐藏 Framer 界面复选框便可隐藏 Framer 界面。

⑤ Private Link（私人链接）

如果项目在专业或企业团队中，则可以开启私人链接。开启后可阻止未经授权的用户查看原型。

7.5.2　动画编辑器

动画编辑器可以切换和修改交互动画的参数，在"Interaction"（**交互设置**）面板的"Animate"（**动画**）模块下方可打开动画编辑器，如图 7-124 所示。

根据需要，我们可以在"Ease"（**缓动**）动画和"Spring"（**弹性**）动画两种动画类型中选择一个进行设置，如图 7-125 所示。

| 图7-124　动画编辑器入口

| 图7-125　动画类型

1. Ease（缓动）动画

我们可以设置缓动动画的类型、持续时间和延迟触发等参数，如图 7-126 所示。

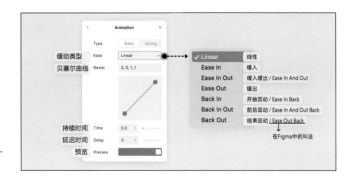

图7-126　缓动动画

（1）Ease（缓动类型）

打开"Ease"下拉菜单可切换缓动类型，Framer 和 Figma 中的缓动类型相同，可以在 3.3.1 小节中了解各缓动类型的特点。

（2）Bezier（贝塞尔曲线）

除了可选择默认缓动类型外，也可自定义贝塞尔曲线来改变缓动动画。

（3）Time（持续时间）

Time 属性可控制动画的持续时间，滑块可设置的最长时间为 2s，可以在输入框中设置更长的时间。

（4）Delay（延迟时间）

Delay 属性可设置在动画开始前等待多少秒。

（5）Preview（预览）

单击 Preview 属性右侧的蓝条，可预览当前动画的效果。

2. Spring（弹性）动画

弹性动画不可设置持续时间，我们可通过调整刚度、阻尼和质量等物理量来设置动画过程，如图 7-127 所示。

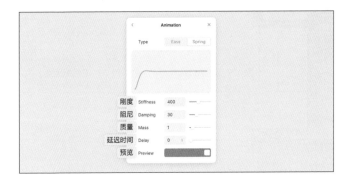

图7-127　弹性动画

在弹性动画的线性图中，横轴表示时间，纵轴表示动画值。

（1）Stiffness（刚度）

刚度属性是物体为抵抗施加的力而发生形变的程度。在弹性系统中，物体的刚度越大，其抵抗变形的能力越强，恢复到平衡位置的速度就越快。

（2）Damping（阻尼）

阻尼控制弹性动画的摩擦量，阻尼越大，弹性运动的振荡次数越少、振荡幅度越小。阻尼为 0 时物体将永远运动下去。

（3）Mass（质量）

质量会对弹性系统产生惯性影响，质量越大，加速越慢，振荡的幅度越大，恢复到平衡位置的速度越慢。

7.5.3　自动过渡

自动过渡有触发过渡和基于时间的过渡两种方式。

1. 触发过渡

触发过渡指用户通过单击、滑动或其他交互方式满足某个条件后，页面自动进行的过渡。可以使用插入菜单中的某个默认组件来创建触发过渡。大部分默认组件提供了高级触发事件，如在更改滑块、提交输入组件和选择单选按钮后，都可构建触发过渡。

2. 基于时间的过渡

基于时间的过渡指在用户没有进行任何交互的情况下，在一定时间后会自动进行的过渡。

我们可以使用支持 Timeout（超时）属性的默认组件来构建基于时间的过渡，例如使用 Loading Indicator（载入指示符）来设置某个时间段为"加载"状态，超时后将自动过渡。

如果想要添加"没有组件显示"的自动过渡，可以将添加后的"Loading Indicator"的不透明度设置为"0"。

7.5.4　魔术动画

放慢魔术动画，可看到同一对象在从初始框架到目标框架的过程中位置和风格的变化。

创建正方形变为圆形的魔术动画的步骤如下。

步骤01 将转场前后两个框架中的对应对象设置为相同且唯一的名称，如图 7-128 所示。

步骤02 将正方形框架右侧的连接器连接到圆形所在的框架，在弹出的过渡面板中将过渡类型设置为"Magic"（魔术），同理为右侧圆形创建单击时转场到正方形框架的过渡，如图 7-129 所示。

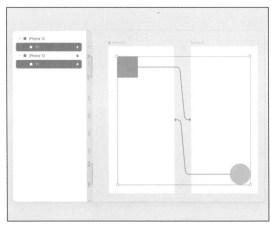

| 图7-128　统一名称

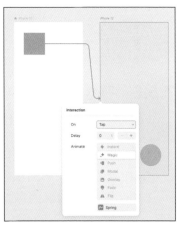

| 图7-129　选择魔术过渡

步骤03 打开预览窗口，单击正方形可看到它在移动到圆形处的同时颜色和形状都在同步发生变化。

7.5.5　组件画布

组件画布可以为组件创建更多的视觉状态（变体和变量），以便在发生特定交互后进入相应的状态，如单击、按下和鼠标指针悬停等。

常规画布的主题色为蓝色，组件画布的主题色为紫色，如图 7-130 所示。

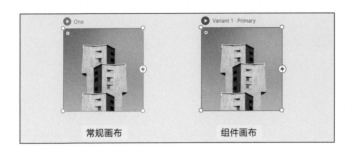

图7-130 常规画布和组件画布

1. 创建组件画布

选择要创建为组件的对象，在工具栏中单击"Components"（组件）按钮以创建新组件，快捷键为 Cmd+K 或 Ctrl+K，输入组件名称后将进入组件画布。

2. 进入组件画布

除了创建组件后可进入组件画布外，双击已创建的组件也可进入组件画布。

3. 退出组件画布

在组件画布中，单击左上角的页面名称或按"Esc"键即可退出组件画布。当按"Esc"键退出画布时，须确保没有选择组件画布中的任何图层。

7.5.6 在组件画布中使用变量和变体

Variable（变量）和 Variant（变体）可以让我们不用输入代码便可构建整套交互组件。

1. 组件画布中的变量和变体

变量和变体都需要在组件画布中创建，双击画布上已创建的组件进入组件画布。

在组件画布中可以给组件添加变体，也可通过添加变量来增加组件的状态，如图 7-131 所示。

图7-131 组件画布

2. 嵌套组件

我们可以为组件画布中的组件及其变体和变量继续嵌套添加菜单中的组件，从而创建更高级的组件。

7.5.7 变量

可以将变量理解为添加到组件画布中的可自定义外观属性的控件。通过变量我们可以很轻松地调整 Hover（悬停）和 Pressed（按下）的样式。

1. 变量的用途

创建变量后，我们便可随时使用组件中的某些属性或交互事件，这就像给自己"定制"了一个默认组件。选中具有多个变量的组件，还可在属性面板中单独调整它的样式或更改交互事件，对父级组件进行调整后也可将调整内容应用到其子级组件上。

2. 创建带交互事件的变量

下面通过创建一个将鼠标指针移入图片后让图片旋转 180°，按住图片时图片消失的交互变量组件来介绍如何创建带交互事件的变量。

步骤01 添加一张图片到画布，将图片创建为名为"img"的组件。

步骤02 双击"img"组件进入组件画布，并单击图片，如图 7-132 所示。

步骤03 单击下方的"Hover / Pressed"按钮，在下拉菜单中选择"**Hover**"，此时将会创建鼠标指针移入的悬停变体，将悬停变体旋转 180°，这里的旋转为变量，如图 7-133 所示。

| 图7-132 创建组件

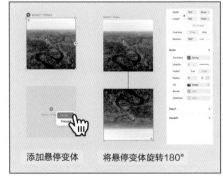

添加悬停变体　　将悬停变体旋转180°

| 图7-133 创建悬停变体

步骤04 选中悬停变体后，继续单击下方的"Pressed"按钮，可创建按压瞬时变体。将按压瞬时变体的不透明度设置为"0"，这里的不透明度为变量。

步骤05 打开预览窗口，查看原型。

3. 在组件画布的变量概述中调整变量

当我们进入组件画布后，工具栏中将出现 Variables（变量概述）入口，如图 7-134 所示。

单击"Variables"按钮可查看当前组件包含的所有变量，我们可以对每个变量进行重命名、调整参数、设置最大或最小值等操作，如图 7-135 所示。

| 图7-134　变量概述入口

| 图7-135　变量概述详情

在变量概述中，我们可以设置选中组件后属性面板中显示的交互事件和样式。

变量有不同的类型，不同类型变量可调整的参数也不同。

Number（**号码**）：给图层添加数值。

String（**字符串**）：可用于文本图层，用来替换示例的文本内容。

Boolean（**布尔值**）：可以在两个选项之间切换，如将 Visible（可见性）设置为 True 或 False，如图 7-136 所示。

在画布中选中组件后，可在属性面板中对Visible进行设置

图7-136　Visible
（可见性）开关

Color（**颜色**）：更改组件图层的颜色。

Image（**图片**）：将图片填充到图层中。

Event（**事件**）：给组件中的任意图层添加自定义事件。

不同类型的变量的自定义配置种类也不同，常见的配置如下。

Name（名称）。

Min（最小值）。

Max（最大值）。

控制配置的单位或范围如下。

Step：0.01、0.1、1、10、1000……

Unit（单位）：None（无）、Percent（百分比）、Degrees（度数）。

Contrl（控制）：Slider（滑块）、Stepper（步进器）。

7.5.8　变体

变体是组件的不同视觉状态。给基础组件的不同状态构建变体，变体将在特定事件下进入对应的视觉状态。

在组件画布中，我们可以给组件构建多个变体。

如果是新创建的组件，在其组件画布上选择主组件，此时可以创建 Hover Variant（**悬停变体**）、Pressed Variant（**按下变体**）和 Regular Variant（**常规变体**），如图 7-137 所示。

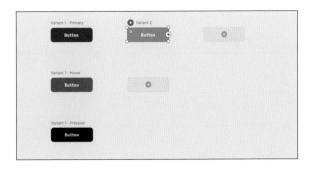

图7-137　按钮变体

（1）临时变体

由于按下变体和悬停变体是临时的，仅在发生按下或鼠标指针悬停动作时这些变体才处于活动状态，所以称它们为临时变体。

（2）常规变体

Regular Variant（常规变体）可以选择或激活新状态，可以给常规变体创建临时变体，如按下和悬停变体。

在组件画布中选择左上角的主组件后，可以在水平方向上单击添加按钮，以创建新的常规变体，如图 7-138 所示。

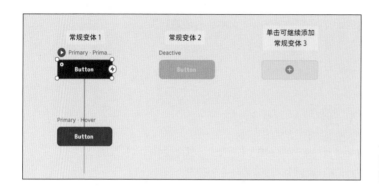

图7-138 创建常规变体

在组件画布中拖动变体的交互连接器，可以给变体添加交互。

给组件添加多个常规变体，然后返回主画布，将包含变体的组件拖到原型中，可在属性面板中选择要展示的变体，如图 7-139 所示。

图7-139 切换常规变体

附录

Figma快捷键

当进入设计创作状态后,使用快捷键可以避免不必要的单击和滚动,我们可更专注地进行创作。

在 Figma 中打开快捷键面板。

❀ 步骤01 打开任意一个 Figma 编辑器。

❀ 步骤02 单击屏幕右下角的帮助按钮,并在下拉菜单中选择"Keyboard shortcuts",如下图所示。

图 Figma快捷键面板入口

❀ 步骤03 Figma 快捷键面板打开后,可单击标签名称来切换快捷键目录,如下图所示。

图 Figma快捷键面板

Figma 中的常用快捷键如下（截至本书成稿时）。

类型	命令	macOS	Windows
基本 （Essential）	显示 / 隐藏用户页面	Cmd+\	Ctrl+\
	吸取颜色	I	I
	打开快捷搜索页面	Cmd+/	Ctrl+/
工具 （Tool）	移动	V	V
	画框	F	F
	钢笔	P	P
	铅笔	Shift+P	Shift+P
	文本	T	T
	矩形	R	R
	圆	O	O
	直线	L	L
	箭头	Shift+L	Shift+L
	添加 / 显示评论	C	C
	切片	S	S
视图 （Viewl）	显示 / 隐藏他人鼠标指针	Cmd+Option+\	Ctrl+Alt+\
	标尺	Shift+R	Shift+R
	显示边框	Cmd+Y	Ctrl+Shift+3
	像素预览	Ctrl+P	Ctrl+Alt+Y
	显示 / 隐藏布局网格	Ctrl+G	Ctrl+Shift+4
	显示 / 隐藏像素栅格	Cmd+'	Ctrl+'
	在左侧切换到图层面板	Option+1	Alt+1
	在左侧切换到组件面板	Option+2	Alt+2
	打开团队库	Option+3	Alt+3
	在右侧切换到设计属性面板	Option+8	Alt+8
	在右侧切换到原型属性面板	Option+9	Alt+9
	在右侧切换到代码属性面板	Option+0	Alt+0
缩放 （Zoom）	拖动画布	按住空格键 + 单击屏幕 并拖动	按住空格键 + 单击屏幕 并拖动
	放大	+	+
	缩小	–	–
	缩放至 100%	Shift+0	Shift+0
	缩放至适应屏幕	Shift+1	Shift+1
	缩放至所选对象	Shift+2	Shift+2
	缩放至上一个画框	Shift+N	Shift+N
	缩放至下一个画框	N	N
	上一页	Fn+ ↑	PageUp
	下一页	Fn+ ↓	PageDown
	找到上一个画框	Fn+ ←	Home
	找到下一个画框	Fn+ →	End
文本 （Text）	加粗	Cmd+B	Ctrl+B
	斜体	Cmd+I	Ctrl+I
	下划线	Cmd+U	Ctrl+U
	添加链接	Cmd+K	Ctrl+K

类型	命令	macOS	Windows
文本 （Text）	删除线	Cmd+Shift+X	Ctrl+Shift+X
	打开 / 关闭列表	Cmd+Shift+7（数字列表）或 8（项目符号）	Ctrl+Shift+7（数字列表）或 8（项目符号）
	文字左对齐	Cmd+Option+L	Ctrl+Alt+L
	文字居中对齐	Cmd+Option+T	Ctrl+Alt+T
	文字右对齐	Cmd+Option+R	Ctrl+Alt+R
	文字两端对齐	Cmd+Option+J	Ctrl+Alt+J
	减小字号	Cmd+Shift+<	Ctrl+Alt+<
	增大字号	Cmd+Shift+>	Ctrl+Alt+>
	减小字重	Cmd+Option+<	Ctrl+Alt+<
	增大字重	Cmd+Option+>	Ctrl+Alt+>
	减小字间距	Option+<	Alt+<
	增大字间距	Option+>	Alt+>
	减小行高	Option+Shift+<	Alt+Shift+<
	增大行高	Option+Shift+>	Alt+Shift+>
形状 （Shape）	钢笔	P	P
	铅笔	Shift+P	Shift+P
	油漆桶（编辑矢量形状时）	B	B
	弯曲工具（编辑矢量形状时）	按住 Cmd 键+单击锚点	按住 Ctrl 键 + 单击锚点
	删除填充	Option+/	Alt+/
	获得描边轮廓	Cmd+Shift+O	Ctrl+Shift+O
	合并选择	Cmd+E	Ctrl+E
	连接锚点（选择锚点后）	Cmd+J	Ctrl+J
	用曲线连接锚点（选择锚点后）	Cmd+Shift+J	Ctrl+Shift+J
	删除锚点并合并路径（选择锚点后）	Shift+Delete	Shift+Backspace
选择 （Selection）	全选	Cmd+A	Ctrl+A
	反选	Cmd+Shift+A	Ctrl+Shift+A
	取消选择	Esc	Esc
	选择最里层	Cmd+ 单击	Ctrl+ 单击
	选择图层菜单	Cmd+ 单击鼠标右键	Ctrl+ 单击鼠标右键
	展开图层并进入子级图层	Enter	Enter
	选择父级对象	Shift+Enter	Shift+Enter
	选择下一个同级对象	Tab	Tab
	选择上一个同级对象	Shift+Tab	Shift+Tab
	合并为组	Cmd+G	Ctrl+G
	取消组	Cmd+Shift+G	Ctrl+Shift+G
	合并为画框	Cmd+Option+G	Ctrl+Alt+G
	显示 / 隐藏所选对象	Cmd+Shift+H	Ctrl+Shift+H
	锁定 / 解锁所选对象	Cmd+Shift+L	Ctrl+Shift+L
光标 （Cursor）	显示距离（同时指向）	Option+ 将鼠标指针移入目标对象	Alt+ 将鼠标指针移入目标对象
	复制所选对象（拖动）	Option+ 拖动鼠标指针	Alt+ 拖动鼠标指针
	选择最里层（单击时）	Cmd+ 单击	Ctrl+ 单击
	选择图层菜单（单击时）	Cmd+ 单击鼠标右键	Ctrl+ 单击鼠标右键
	深度选择（框选对象）	Cmd+ 按住鼠标左键	Ctrl+ 按住鼠标左键

续表

类型	命令	macOS	Windows
光标 （Cursor）	中心缩放（调整大小时）	Option+ 拖动缩放对象	Alt+ 拖动缩放对象
	等比缩放（调整大小时）	Shift+ 拖动缩放对象	Shift+ 拖动缩放对象
	缩放时移动对象（调整大小时）	按住空格键 + 拖动缩放对象	按住空格键 + 拖动缩放对象
	缩放画框并保持内部对象不变（调整大小时）	Cmd+ 拖动缩放画框	Ctrl+ 拖动缩放画框
编辑 （Edit）	复制	Cmd+C	Ctrl+C
	剪切	Cmd+X	Ctrl+X
	粘贴	Cmd+V	Ctrl+V
	编辑文字时，去除样式（如果复制的文本自带样式）并粘贴文字	Cmd+Shift+V	Ctrl+Shift+V
	追加复制	Cmd+D	Ctrl+D
	重命名所选对象	Cmd+R	Ctrl+R
	导出	Cmd+Shift+E	Ctrl+Shift+E
	复制样式	Cmd+Option+C	Ctrl+Alt+C
	粘贴样式	Cmd+Option+V	Ctrl+Alt+V
	作为 PNG 文件复制	Cmd+Shift+C	Ctrl+Shift+C
变换 （Transform）	水平翻转	Shift+H	Shift+H
	垂直翻转	Shift+V	Shift+V
	使用遮罩	Cmd+Ctrl+M	Ctrl+Alt+M
	编辑形状或图片	Enter	Enter
	添加图片	Cmd+Shift+K	Ctrl+Shift+K
	裁剪图片	Option+ 双击	Ctrl+ 双击
	将不透明度设置为 10%	1	1
	将不透明度设置为 50%	5	5
	将不透明度设置为 100%	0	0
整理 （Arrange）	前移所选对象	Option+Cmd+ ↑	Ctrl+Alt+ ↑
	后移所选对象	Option+Cmd+ ↓	Ctrl+Alt+ ↓
	将所选对象移到最前方	Cmd+Option+]	Ctrl+Alt+]
	将所选对象移到最后方	Cmd+Option+[	Ctrl+Alt+[
	左 / 右对齐所选对象	Option+A/D	Alt+A/D
	上 / 下对齐所选对象	Option+W/S	Alt+W/S
	水平居中对齐	Option+H	Alt+H
	垂直居中对齐	Option+V	Alt+V
	水平 / 垂直均匀分布	Ctrl+Option+H/V	Alt+Shift+H/V
	整理图层	Ctrl+Option+T	Alt+Shift+T
	添加自动布局	Shift+A	Shift+A
	移除自动布局	Option+Shift+A	Alt+Shift+A
组件 （Components）	打开团队库	Cmd+Option+O	Alt+2
	将所选对象创建为组件	Cmd+Option+K	Ctrl+Alt+K
	分离实例	Cmd+Option+B	Ctrl+Alt+B

Framer快捷键

在 Framer 中打开快捷键面板。

步骤01 打开 Framer 编辑器。

步骤02 单击编辑器左上角的菜单按钮，在下拉菜单中选择"Help">"Keyboard shortcuts"，如下图所示。

图 Framer快捷键面板入口

步骤03 此时将显示 Framer 快捷键面板，如下图所示。

图 Framer快捷键面板

Framer 中的所有快捷键如下（截至本书成稿时）。

类型	命令	macOS	Windows
文件	新建	Cmd+Option+N	Ctrl+Alt+N
	下载	Cmd+Option+S	Ctrl+Alt+S
	显示预览	Cmd+P	Ctrl+P
	在新窗口中预览	Cmd+Option+P	Ctrl+Alt+P
	上传图片	Cmd+Option+I	Ctrl+Alt+I
布局	添加框架	Cmd+Enter	Ctrl+Enter
	添加堆叠	Cmd+Option+Enter	Ctrl+Alt+Enter
	移除堆叠	Cmd+Delete	Ctrl+Backspace
	前移所选对象	Cmd+Option+ 向上箭头	Ctrl+Alt+ 向上箭头
	后移所选对象	Cmd+Option+ 向下箭头	Ctrl+Alt+ 向下箭头
编辑	撤销	Cmd+Z	Ctrl+Z
	重做	Cmd+Shift+Z	Ctrl+Shift+Z
	复制样式	Cmd+Option+C	Ctrl+Alt+C
	粘贴样式	Cmd+Option+V	Ctrl+Alt+V
	重复所选项目	Cmd+D	Ctrl+D
	删除	Delete	Backspace
	锁定	Cmd+L	Ctrl+L
	隐藏	Cmd+;	Ctrl+;
	重命名	Cmd+R	Ctrl+R
	全选	Cmd+A	Ctrl+A
	选择所有同级对象	Cmd+Shift+A	Ctrl+Shift+A
	选择所有子级对象	Cmd+Option+A	Ctrl+Alt+A
图形	组合	Cmd+G	Ctrl+G
	取消组合	Cmd+Shift+G	Ctrl+Shift+G
工具	插入	I	I
	设备屏幕	S	S
	堆	Shift+S	Shift+S
	框架	F	F
	圆	U	U
	文本	T	T
	链接	L	L
	图形	G	G
	评论	C	C
	放大	Z	Z
原型预览	打开预览窗口	Cmd+P	Ctrl+P
	全屏查看	Cmd+Shift+F	Ctrl+Alt+F
	在新窗口打开	Cmd+Option+P	Ctrl+Alt+P
	刷新	Cmd+R	Ctrl+R
	检查	Cmd+I	Ctrl+I
	锁定选择	Cmd+Shift+L	Ctrl+Shift+L
预览	放大	Cmd++	Ctrl++
	缩小	Cmd+−	Ctrl+−
	缩放到 100%	Cmd+0	Ctrl+0
	缩放到合适大小	Cmd+1	Ctrl+1
	缩放到所选对象	Cmd+2	Ctrl+2
	隐藏界面	Cmd+.	Ctrl+.
	显示标尺	Ctrl+R	Ctrl+Shift+R
文本	加粗	Cmd+B	Ctrl+B
	斜体	Cmd+I	Ctrl+I
	下划线	Cmd+U	Ctrl+U